滚筒采煤机多齿复合截割随机载荷重构及牵引特性研究

张丹 吴卫东 孙久政 著

哈尔滨工业大学出版社

图书在版编目(CIP)数据

滚筒采煤机多齿复合截割随机载荷重构及牵引特性研究/张丹,吴卫东,孙久政著. —哈尔滨:哈尔滨工业大学出版社,2024.6. —ISBN 978－7－5767－1679－5

Ⅰ.TD421.6

中国国家版本馆 CIP 数据核字第 2024TE8049 号

策划编辑　常　雨

责任编辑　谢晓彤

封面设计　童越图文

出版发行　哈尔滨工业大学出版社

社　　址　哈尔滨市南岗区复华四道街 10 号　邮编 150006

传　　真　0451－86414749

网　　址　http://hitpress.hit.edu.cn

印　　刷　哈尔滨博奇印刷有限公司

开　　本　787 毫米×1 092 毫米　1/16　印张 8.75　字数 157 千字

版　　次　2024 年 6 月第 1 版　2024 年 6 月第 1 次印刷

书　　号　ISBN 978－7－5767－1679－5

定　　价　59.00 元

前　言

采煤机行走轮和导向滑靴经常发生异常磨损及行走轮断齿现象,严重降低了整机的安全性与可靠性,甚至影响煤炭的安全生产。随着采煤机装机功率的增大,牵引部的故障问题更为凸显,降低了采煤机的整机可靠性,影响了智能开采技术的发展,因此,采煤机牵引动态特性的研究势在必行。由于牵引负载与滚筒截割负载存在一定的耦合性,且滚筒截割载荷具有一定的复杂性与不确定性,因此国内众多学者从截割载荷特性入手,开展了采煤机滚筒截割负载特性与牵引特性的研究。本书从滚筒截割负载重构算法入手,考虑行走机构时变参数特性,研究多齿复合截割工况下,滚筒截割载荷的重构算法及关联载荷下的牵引特性,其不仅具有重要的理论意义,同时也具有重要的工程应用价值。

本书在综合分析现有研究方法与技术手段的基础上,针对现有研究中需进一步深入探讨的问题,确定了具体的研究内容,本书共分7章。第1章介绍了采煤机滚筒载荷、牵引部行走机构的技术现状与现存问题;第2章介绍了多截齿滚筒随机载荷谱重构模型与算法;第3章介绍了多截齿参数可调式旋转截割煤岩实验研究;第4章介绍了随机载荷谱重构算法数值模拟与载荷预测;第5章介绍了重构载荷下采煤机牵引传动系统力学特性研究;第6章介绍了行走机构齿销啮合特性研究;第7章介绍了变节距下行走机构多体系统动力学特性研究。

本书是作者结合多年的教学和科研经验,在查阅大量的国内外参考资料的基础上编著而成的。书中所提出的滚筒载荷重构算法及载荷预测方法,对于进行滚筒复杂特性的深入分析具有一定的指导意义,同时为采煤机整机设计提供重要依据;所获得的牵引扭振系统的优化结果及销齿传动系统优选参数,对于改善牵引部的动态特性具有重要意义。本书第1章由孙久政撰写,约合1.5万字;第6章中6.1至6.4由吴卫东撰写,约合2万字;第2章至第5章、第6章中的6.5至6.7,第7章由张丹撰写,约合12.2万字。全书由张丹负责统稿。

本书在撰写过程中参考了国内外学者的论著,在此表示感谢。研究生秦家峰、杨广旭、康茜、许传序对本书进行了文字校对。

由于采煤机滚筒载荷重构理论还在进一步完善,有些应用尚在探索,加之作者水平有限,书中难免有不足之处,敬请读者批评指正。

作　者
2024 年 3 月

目　　录

第1章 概　述

2020年2月,中华人民共和国国家发展和改革委员会、国家能源局、中华人民共和国应急管理部等八部委联合发布了《关于加快煤矿智能化发展的指导意见》,并明确要建设多种类型、不同模式的智能化示范煤矿;2020年12月,国家能源局、国家矿山安全监察局联合发布了《关于开展首批智能化示范煤矿建设的通知》,确定了71处煤矿作为国家首批智能化示范建设煤矿,其中井工煤矿66处、露天煤矿5处,矿井总产能超过6.2亿t,采煤工作面单面平均生产能力超过500万t/a。2023年12月,国家能源局公布了首批47座已经通过验收的智能化示范建设煤矿,其中井工煤矿42座、露天煤矿5座,首批智能化示范建设煤矿总投资超过230亿元,初步形成了适应多种煤层条件的智能化煤矿建设模式。

经过近3年的煤矿智能化探索实践,攻克了部分"卡脖子"关键基础理论,研发应用了一批技术先进、经济适用性强、可靠性高的装备,煤矿智能化创新成果得到了深入推广应用,提升了智能化技术装备的国产化、成套化水平。

采煤机作为煤炭开采的主要机械装备,其良好的工作性能是实现智能化开采的必要条件。因为滚筒载荷的复杂性,对采煤机关键零部件的设计缺乏理论依据,常导致相关零部件强度不足或过剩。采煤机在滚筒上表现为截齿过度磨损及截割比能耗过高,在牵引部上主要表现为行走轮和导向滑靴的异常磨损及行走轮断齿。牵引部的动态特性不但影响采煤机的牵引性能,对整机的安全、稳定与高效截割也有重要影响。随着装机功率的增大,采煤机工作过程中的故障率也随之增加,牵引部的故障问题更为凸显,尤其是大功率采煤机,牵引部的故障问题已经成为制约我国采煤机向国际高端采煤机发展的主要因素。因此,开展采煤机截割载荷特性与牵引特性的研究成为众多学者研究的热点问题。

1.1　采煤机滚筒载荷

20世纪20年代的一次空难事故引起了研究人员对疲劳载荷谱的重视,疲劳载荷谱的研究率先在航空领域开展。最简单的一种载荷谱就是恒幅值载荷,一般用于得到 $S-N$ 曲线的疲劳测试。20世纪30年代,有学者提出了谱块形式载荷谱,并在飞机结构实验中进行了应用,目前该类载荷谱在零件疲劳实验中仍被广泛采用。计算机及数值计算方法的飞速发展,为载荷谱研究和应用的快速发展提供了良好条件,其他技术领域也开始对行业中载荷谱进行研究,如风机领域风载特性的研究、汽车行业前悬挂系统载荷谱的研究及可用于传动系统设计的时间历程载荷谱的研究。近几十年来,欧美国家在载荷谱研究领域发展迅速,根据不同应用领域,构建了以表1.1为典型代表的标准化载荷谱。

表 1.1　典型标准化载荷谱

名称	使用对象	基本特征	产生时间
TWIST	运输机翼根部弯矩	地—空—地常均值应力谱	1973 年
GAUSSIAN	通用随机谱	窄带—宽带随机谱	1974 年
FALSTAFF	战斗机翼根部弯矩	地—空—地机动谱	1975 年
HELIX,FELIX	直升机叶片弯矩	变均值变幅值谱	1984 年
WISPER/WISPERX	风机叶片弯矩	阵风载荷谱块	1988 年
Hot TURBSTAN	飞机发动机叶片	变均值应力谱	1989 年
Wash I	海上石油平台	六种海况载荷组合	1989 年
CARLOS	轿车前悬挂零部件	变均值,混合五种路况	1990 年
CARLOS PTA	轿车传动系	转矩和转速时间历程	2002 年

国内载荷谱的研究同样始于航空领域,并在近年来得到了快速发展。目前在汽车、新能源、铁路、风力发电设备及海洋工程等领域都开展了关键设备结构载荷的相关研究。大多数载荷谱都不能保留实际的加载顺序和相位关系,其区别在于是最简单的等幅谱还是程序谱,是一维谱还是二维谱。国内能够反映真实加载顺序的载荷谱编制方法是代表谱方法,编制代表谱的根本在于损伤计算模型的合理选择。无论是实验研究还是理论研究,在利用统计方法进行计数、外推和合成后,还需要进一步在时间历程上对载荷谱进行重构,以此作为实验载荷进行施加,或作为仿真载荷输入系统。在载荷谱的时域重构方法中,最常用的是

雨流计数法,该方法在重构过程中丢失了加载顺序,仅保留了原有的雨流计数结果。

截齿是采煤机滚筒上与煤岩直接接触的零件,截齿载荷的数据统计是编制滚筒载荷谱的基础,而掌握滚筒的载荷变化规律是提高采煤机可靠性的基础。载荷变化规律通常用载荷谱进行描述,载荷谱是采煤机在各种典型工况条件下实测到的截割阻力信号。由于井下条件的限制,采煤机的滚筒载荷谱很难实际获得,因此国际上对采煤机滚筒截割载荷的研究方法主要包括模拟实验研究、模拟仿真研究和理论研究。目前模拟实验大致分为以下几种。

(1)等幅载荷实验。

实际的载荷时间历程仅用一个造成损伤最大的代表性载荷来代替,并在实验的加载过程中载荷的幅值不变。为了缩短时间,常采用加大载荷的数量级的强化实验方法。这种方法的优点是简单迅速,但由于采用的是平均载荷,不能代表实际的随机性载荷,因此实验结果与实际出入较大。

(2)程序载荷实验。

将若干个幅值不同的等幅载荷按一定顺序加载来模拟实际载荷实验,这种方法的确定是一种近似方法。加载的次序、载荷分级数等因素对疲劳寿命实际是有影响的,并且程序加载的载荷是分散的,按一定的载荷级分段进行的,而实际载荷是连续的、随机变化的。这是一种有效而又经济的方法,至今被国内外广泛采用。

(3)随机载荷实验。

这种方法是根据现场实测的载荷信号进行谱分析获得现场载荷功率谱的估计,经过修正与数据处理,制定出载荷的标准功率谱,作为加载实验的依据。功率谱可以保留较多的信息,但这种方法技术难度较大、仪器设备较复杂,而且实验成本较高。

1.2 采煤机牵引部行走机构

牵引部是采煤机的另一个重要机械装置,它的性能影响截割的平稳性、可靠性,并直接影响煤炭开采效率。采煤机的牵引方式包括液压牵引和电牵引,自世界上第一台直流牵引采煤机 EDW-150-2L 由德国艾柯夫公司成功研制以来,电牵引采煤机就以其独有的优越性逐步取代了液压牵引采煤机,占据了采煤机牵引方式的主导地位。

采煤机最初诞生时,采用的牵引部为有链牵引形式。自20世纪70年代出现多种采煤机无链牵引形式以来,到80年代初,在英、德、美、澳等国家,采煤机无链牵引已基本上取代有链牵引。目前,国内外采煤机无链牵引机构大体上集中采用了两种形式:德国艾柯夫公司的齿轮－销排式无链牵引机构和英国安德森公司的滚轮－齿条式无链牵引机构。我国早在20世纪80年代中期研制开发的MG300型采煤机就成功采用了滚轮－齿条式无链牵引机构。随后,我国各采煤机研究院所及制造厂家研制出了齿轮－销排式和齿轮－链轨式无链牵引机构。在20世纪90年代中后期,又研制开发了链轨式无链牵引机构。自无链牵引形式诞生以来,国内的众多学者对牵引系统做了大量的研究工作。

牵引部力学特性主要表现在两个方面:牵引传动系统齿轮扭振特性和行走机构的动力学特性。由于采煤机牵引系统的动力学特性研究起步较晚,因此目前还没有形成专门的理论与方法研究采煤机牵引部动力学特性,其研究仍是以齿轮系统动力学研究为基础。齿轮系统的动力学研究包括三个方面:系统输入、系统建模和系统输出,其理论体系如图1.1所示。目前的研究热点有两个方面:一是相啮合的齿轮副之间的动力学分析;二是组成齿轮传动系统的齿轮－转子－轴承系统的动力学研究。

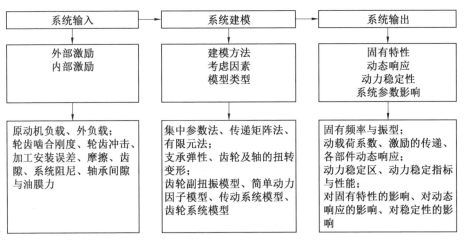

图1.1　齿轮系统的理论体系

在研究齿轮副动力学时,一般不计甚至忽略系统中其他参数的影响,重点研究齿轮系统的动力学建模和齿轮轮齿的力学特性,在建模时,主要考虑轮齿的变形和轮齿间的啮合刚度、轮齿表面的摩擦特性及轮齿啮合的激励形式等。目前,齿轮系统常用的模型有四种:非线性时不变模型、线性时不变模型、线性时变模型和非线性时变模型。线性时不变模型不考虑由时变啮合刚度引起的参数激励,以平均刚度代替时变啮合刚度,忽略时变啮合刚度对齿轮系统的影响,不考虑多对齿轮副间的相互作用;线性时变模型考虑了轮齿啮合过程中,啮合刚度随啮合齿对和啮合点产生的周期性变化,引入了参数激励;非线性时不变模型忽略时变啮合刚度,计入轮齿啮合侧隙;非线性时变模型在计及时变啮合刚度的同时,考虑轮齿啮合侧隙,把齿轮系统看作非线性参数激励系统。

采煤机行走机构中行走轮与销排之间的啮合与齿轮齿条啮合类似,销齿啮合的同步性是影响疲劳寿命的主要因素,牵引阻力对行走轮速度波动、节线和齿根受力影响显著。有大量研究表明,销齿啮合产生冲击的原因是销齿节距过小,可以通过销齿节距变化找到节距对采煤机牵引速度和加速度的影响规律。

1.3　现有研究仍需要解决的问题

我国在载荷谱的实验、理论及其应用研究方面不足,尤其缺少载荷谱的实验研究,对载荷谱的测试与重构研究主要集中在航空、汽车、风力发电、海洋工程及工程机械等领域,对采煤机的载荷谱特性的研究鲜有开展且不够深入;对于截齿截割阻力的实验研究,大多集中在单截齿截割实验或是以相似理论为基础的多截齿等效实验,其对截齿截割煤岩的机理研究及滚筒负载特性的研究有一定参考价值,但不能准确描述截割复杂的真实特性,难以为滚筒及采煤机其他部件的设计及力学分析提供准确依据。

对牵引部力学特性的研究,一般将牵引负载看作恒转矩,较少考虑滚筒载荷与牵引部力学性能之间的相互影响,对滚筒载荷和牵引负载之间的关联模型缺乏研究,所建立的牵引传动系统齿轮扭振模型及行走机构力学模型过于简单,难以描述扭振系统及行走机构的真实力学特性,其动力学特性与真实特性偏差较大。具体有以下几方面。

(1) 在截割载荷实验研究方面,一般对截割工况进行了简化,所进行的实验多以单齿平面截割或建立相似模型进行实验为主,模型往往存在较大误差,导致测得的滚筒载荷与实际载荷有较大偏差,所获得的实验载荷准确性不足,难以为截割实验中模拟煤壁的研制提供理论依据,并且在进行载荷的等效处理时,丢失了许多真实信息,较少有对载荷谱推演及重构理论的研究。

(2) 由于截割载荷的复杂性及井下工况的特殊性,牵引负载同样表现出复杂的变化。以往研究在对牵引扭振系统进行力学分析时,大多研究者将牵引负载简化为恒转矩,以此来研究齿轮系统的振动特性,或是对滚筒载荷与牵引载荷之间的耦合关系认识不够深入,且在进行整机力学求解时,将后导向滑靴支撑力作为零值处理;在牵引传动系统齿轮扭振特性研究中,使用集中质量模型来进行扭振系统建模,忽略了轴系的连续质量特性,降低了扭振分析的准确性。

（3）在对行走机构进行力学分析时,一般将行走机构简化为纯刚性模型,忽略行走轮与销齿轨啮合时齿面的弹性变形及销齿轨之间的可变间隙对行走机构动力学特性的影响。

第2章 多截齿滚筒随机载荷谱重构模型与算法

滚筒采煤机是煤炭机械化开采的主要设备，其生产效率、粉尘量、比能耗、块煤率、可靠性、运行稳定性及工作效率等各项指标均与螺旋滚筒关系密切，滚筒是滚筒采煤机的工作机构，承担着截煤、装煤、喷雾降尘等功能，其功率消耗占装机功率的80％以上，滚筒作为采煤机的最终执行机构，其载荷特性对整机的工作性能有重要影响。我国采煤机在设计过程中，由于基础理论研究不足，缺乏有效的设计方法与设计依据，往往使用经验公式描述滚筒载荷，导致采煤机整机和零部件在可靠性及寿命等方面均与国际先进水平相距甚远。为了提高国产采煤机的自主研发能力，对滚筒载荷进行有效描述迫在眉睫。由于煤岩本身特性及井下工况的特殊性，滚筒截割载荷特性十分复杂且难以获得，很难得到载荷曲线数学方程，本章通过分析滚筒载荷的受力情况，建立滚筒载荷与截齿载荷的数学关系，基于随机理论，提出多截齿复合截割滚筒随机载荷谱重构思想及重构算法，丰富滚筒载荷重构理论。

2.1 多截齿滚筒受力分析

螺旋滚筒是滚筒采煤机工作机构的核心部件，其性能直接影响煤炭生产效能和煤炭生产质量。滚筒和截齿的受力分析是进行滚筒结构设计的重要依据。

1. 滚筒截割阻力

（1）截割阻力的数值。

在滚筒上建立如图 2.1 所示坐标系 $O-xyz$，滚筒载荷是各个截齿平均载荷在三个坐标轴上的投影的代数和。设截齿齿尖上，沿自身轴线方向的力为截齿轴向力 Y，平行于滚筒轴线方向的力为截齿侧向力 X，沿滚筒切向的力为截齿截割阻力为 Z，滚筒上三个方向作用力分别为 F_x、F_y、F_z，则有

$$\begin{cases} F_x = \sum_{i=1}^{N_i} X_i \\ F_y = \sum_{i=1}^{N_i} (-Y_i \sin \varphi_i - Z_i \cos \varphi_i) \\ F_z = \sum_{i=1}^{N_i} (-Y_i \cos \varphi_i + Z_i \sin \varphi_i) \end{cases} \tag{2.1}$$

式中,N_i 为同时参与截割的截齿的数目;φ_i 为第 i 个截齿的圆周角,(°)。

$$Z_i = Z_{\max} \cdot \sin \varphi_i \tag{2.2}$$

将式(2.2)代入式(2.1),整理得

$$\begin{cases} F_y = Z_{\max} \sum_{i=1}^{N_i} (K_q \cdot \sin^2 \varphi_i + \sin \varphi_i \cdot \cos \varphi_i) \\ F_z = Z_{\max} \sum_{i=1}^{N_i} (\sin^2 \varphi_i - K_q \cdot \sin \varphi_i \cdot \cos \varphi_i) \end{cases} \tag{2.3}$$

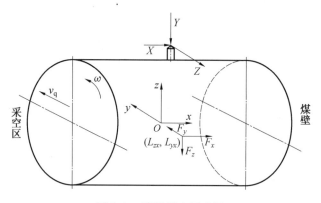

图 2.1　滚筒受力示意图

可见,滚筒载荷特性依赖于截齿楔入煤岩的角度及排列特点,滚筒截割阻力的大小与最大截割阻力呈一定的比例关系。

(2) 截割阻力的作用点。

各截齿截割阻力对滚筒中心点 O 取矩,由滚筒受力平衡条件知,滚筒截割阻力矩等于各截齿截割阻力对 O 点的合力矩。设滚筒截割阻力的作用点坐标为 (L_{zx}, L_{yx}),则有

$$
\begin{cases}
\left(Z_{\max} \sum_{i=1}^{N_i} K_{ai}\right) \cdot L_{zr} = \left(Z_{\max} \sum_{i=1}^{N_i} K_{ai} \cdot \sin \varphi_i\right) \cdot \dfrac{D_c}{2} \\[4mm]
\left(Z_{\max} \sum_{i=1}^{N_i} K_{bi}\right) \cdot L_{yr} = \left(Z_{\max} \sum_{i=1}^{N_i} K_{bi} \cdot \cos \varphi_i\right) \cdot \dfrac{D_c}{2}
\end{cases}
\tag{2.4}
$$

式中，$K_{ai} = \sin^2 \varphi_i - K_q \sin \varphi_i \cos \varphi_i$；$K_{bi} = K_q \sin^2 \varphi_i + \sin \varphi_i \cos \varphi_i$；$D_c$ 为滚筒直径。

可见，K_{ai} 与 K_{bi} 分别反映了截齿载荷垂直分量与水平分量占最大截割阻力的比例。由于牵引阻力系数 K_q 为一常数，因此，K_{ai} 与 K_{bi} 呈一定的周期性，并且其值在周期内呈对称性分布，经计算，其周期值为 π。整理上式得

$$
\begin{cases}
L_{ac} = \dfrac{\sum_{i=1}^{N_i} K_{ai} \cdot \sin \varphi_i}{\sum_{i=1}^{N_i} K_{ai}} \cdot \dfrac{D_c}{2} \\[8mm]
L_{bc} = \dfrac{\sum_{i=1}^{N_i} K_{bi} \cdot \sin \varphi_i}{\sum_{i=1}^{N_i} K_{bi}} \cdot \dfrac{D_c}{2}
\end{cases}
\tag{2.5}
$$

同时参与截割的截齿数量和截齿位置直接影响采煤机螺旋滚筒载荷分布的大小和特征。滚筒工作过程中，载荷的大小和作用点均在实时变化，作用位置与滚筒直径、截齿位置角及牵引阻力系数有关，截齿排列的好坏对采煤机及其滚筒的受力影响很大，因此，滚筒上螺旋线数、截齿数量、截线距等参数的选择至关重要。

2. 滚筒的轴向力

轴向力不但影响滚筒的截割性能，还影响牵引机构的导向性能及整机的稳定性。轴向力过大导致机身偏斜，甚至截割到顶、底板，加速截齿磨损及各零部件的损坏，降低采煤效率，影响煤炭安全生产。引起滚筒轴向力的因素很多，不考虑牵引机构导向间隙和输送机溜槽相对偏移等因素，具体包括表 2.1 所示的几种。

表 2.1　螺旋滚筒轴向力的来源

滚筒自身结构	端盘倾斜截齿	滚筒工作状态	斜切进刀
	非对称截槽		端盘与煤壁相互挤压
	叶片装煤		牵引力与推进阻力不同轴

正常截割时,螺旋滚筒的轴向力主要来源于两个方面:一是滚筒装煤产生的轴向力;二是截割产生的轴向力。滚筒截割产生的轴向力包括:端盘截齿所受的侧向力,方向指向采空区;叶片上截齿所受的侧向力,方向一般指向煤壁。端盘截齿产生的侧向力 $F_{X_{P1}}$ 与叶片上截齿产生的侧向力 $F_{X_{P2}}$ 的关系为

$$\sum F_{X_{P1}} \approx 2 \sum F_{X_{P2}} \tag{2.6}$$

叶片上滚筒所受侧向力与截齿布置密切相关。棋盘式排列时,截槽截面近似对称,侧向力基本可以忽略;顺序式排列时,截槽形状不对称,其值较大,端盘截齿产生的轴向力近似为

$$\sum F_{X_{P1}} = \frac{2Z \cdot B_D}{B_v} \tag{2.7}$$

式中,B_D 为端盘截齿的截割宽度,m;B_v 为滚筒的有效截深,m;Z 为截割阻力。

假设螺旋滚筒截割过程中,推煤时和抛煤时产生的轴向力分别为 S_T 和 S_P,截齿顺序式排列时,端盘与叶片上截齿轴向力的方向相同;棋盘式排列时,二者方向相反,则滚筒总的轴向力大小分别为

$$F_x = \frac{3Z \cdot B_D}{B_v} + S_T + S_P \quad (顺序式排列) \tag{2.8}$$

$$F_x = \frac{Z \cdot B_D}{B_v} + S_T + S_P \quad (棋盘式排列) \tag{2.9}$$

2.2　多截齿滚筒随机载荷时域重构模型

由 2.1 节分析可知,实际工作中,滚筒截割阻力作用点在实时变化,所以很难直接测得滚筒截割阻力,但截齿截割阻力可以通过多种手段获得,如实验法、计算机模拟法等,实验法更接近真实工况,所获得的截齿载荷更接近真实载荷,因此,本节以获得接近真实工况的实验载荷为前提,通过截齿在滚筒上的排列方式及相互之间的位置关系,推算出滚筒上其他位置截齿的截割载荷,通过载荷作用时间及作用幅值的叠加,重构整个滚筒的截割阻力。

1. 基于 B 样条曲线的截齿等效截割阻力

通过实验测得的截齿截割阻力曲线含有一定的噪声干扰信号,曲线不平滑,因此需要对截割阻力曲线进行等效处理,剔除曲线中的噪声信号并进行平滑化处理。

(1)载荷谱等效模型。

设 $z(u)$ 为镐型截齿截割破碎煤岩等效载荷谱,$f(u)$ 为其理论载荷谱,依据 B

样条曲线逼近算法,提出载荷谱等效基本思想,有

$$z(u) = f(u) \tag{2.10}$$

设 $N_{i,p}(u)$ 是 B 样条曲线基函数,定义域为样条曲线节点矢量 $\boldsymbol{U}$,其数值为

$$N_{1,0}(u) = \begin{cases} 1 & (u_i \leqslant u \leqslant u_{i+1}) \\ 0 & (\text{其他}) \end{cases} \tag{2.11}$$

$$N_{i,p}(u) = \frac{u - u_i}{u_{i+p} - u_i} N_{i,p-1}(u) + \frac{u_{i+p+1} - u}{u_{i+p+1} - u_{i+1}} N_{i+1,p-1}(u) \tag{2.12}$$

$z(u)$ 为 p 次 B 样条曲线,有

$$z(u) = \sum_{i=0}^{n} N_{i,p}(u) P_i \quad (0 \leqslant u \leqslant 1) \tag{2.13}$$

式中, P_i 为曲线的控制顶点。

（2）基于 B 样条曲线的等效算法。

采煤机截齿截割载荷谱可用二维密集扫描点进行描述,将测试数据进行等距重采样处理,得到较为光滑的数据点,计算单周截割载荷谱节点处曲率值,并从大到小依次排列,曲率值较大的节点可以选作后续的型值点;对型值点进行参数化处理,确定节点处矢量值,对控制顶点进行反算,对型值点插值,得到型值点初始曲线;计算初始曲线与原始数据点的偏差值,若偏差不符合要求,则需增加型值点,对插值曲线进行局部优化,直至偏差值符合要求,具体流程图如图 2.2 所示。

（3）曲线型值点的选定及其节点矢量的计算。

采用近似法求解曲率半径可以有效减少计算量,因此,可取任意一点 d_i 及其左右相邻两点 d_{i-1}、d_{i+1},由该三点构成一个圆弧,可将该点的曲率半径近似看作该圆弧的半径,其数值可表示为

$$k_i = \frac{2 \left| \overrightarrow{d_i d_{i+1}} \times \overrightarrow{d_i d_{i-1}} \right|}{\left| \overrightarrow{d_i d_{i+1}} \right| \cdot \left| \overrightarrow{d_i d_{i-1}} \right| \cdot \left| \overrightarrow{d_i d_{i+1}} - \overrightarrow{d_i d_{i-1}} \right|} \tag{2.14}$$

对采煤机截齿单周截割曲线进行等距重采样处理,假设曲线上存在 m 个节点,求出各节点的曲率的近似值后,选取曲率较大的 15 个节点作为型值点。记型值点点集为 $Q_k(0,1,\cdots,15)$,考虑型值点间直线距离,采用弦长参数化方法计算型值点处节点矢量。记 $d = \sum_{k=1}^{15} \sqrt{|Q_k - Q_{k-1}|}$,$u'_0 = 0$,$u'_n = 1$,而

$$u'_k = u'_{k-1} + \frac{\sqrt{|Q_k - Q_{k-1}|}}{d} \tag{2.15}$$

式中, $k = 1,2,\cdots,14$。

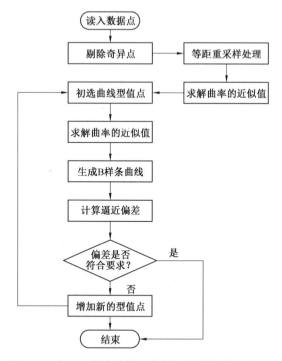

图 2.2   基于 B 样条曲线的截割阻力等效算法流程图

式(2.15)得到的节点矢量为等距分布下的节点矢量,其在求解过程中可能会出现奇异方程组,采用平均值方法计入型值点参数 u'_i,求得中间的节点矢量为

$$u_{j+p} = \frac{1}{p} \sum_{i=j}^{j+p-1} u'_i \tag{2.16}$$

(4) 控制顶点的反算和逼近偏差的计算。

通过参数 u'_k 和节点矢量 U 可得 B 样条基函数 $N_{i,p}(u'_k)$,控制顶点 P_i 可按下式求得,即

$$\begin{bmatrix} P_0 \\ P_1 \\ \vdots \\ P_k \end{bmatrix} = \begin{bmatrix} N_{0,p}(u'_0) & N_{1,p}(u'_0) & \cdots & N_{k,p}(u'_0) \\ N_{0,p}(u'_1) & N_{1,p}(u'_1) & \cdots & N_{k,p}(u'_1) \\ \vdots & \vdots & & \vdots \\ N_{0,p}(u'_k) & N_{1,p}(u'_k) & \cdots & N_{k,p}(u'_k) \end{bmatrix} \begin{bmatrix} Q_0 \\ Q_1 \\ \vdots \\ Q_k \end{bmatrix} \tag{2.17}$$

利用上式求得的控制顶点和型值点,其数目相等。

对测试曲线上原始节点数据进行弦长参数化,用 D_i 表示原始数据点,其参数记为 u''_i,则该点与 B 样条曲线上对应点的偏差为

$$\delta_i = |z(u''_i) - D_i| \tag{2.18}$$

2. 截齿截割载荷与轴向载荷的数学关联模型

建立单截齿受力模型,如图 2.3 所示。由截齿的受力计算模型可知,截齿上轴向载荷、侧向载荷与截齿截割阻力呈一定的数学关系。设 Y 和 X 分别为实验测得的轴向力与侧向力,由截齿受力知,三个力在同一平面内,截齿上截割阻力等于轴向力和侧向力在截割阻力方向的分量的代数和,则有

$$Z = Y\cos\angle CBF + X\cos\angle DBE \tag{2.19}$$

在 $\triangle OAB$ 中,由余弦定理和正弦定理,有

$$\overline{OB}^2 = \overline{OA}^2 + \overline{AB}^2 + 2\,\overline{OA} \cdot \overline{AB} \cdot \cos\angle OAB \tag{2.20}$$

$$\frac{\overline{OA}}{\sin\angle ABO} = \frac{\overline{OB}}{\sin\angle OAB} = \frac{\overline{AB}}{\sin\angle AOB} \tag{2.21}$$

又

$$\angle OAB = 90° + \beta \tag{2.22}$$

整理可得

$$\sin\angle ABO = \frac{\overline{OA}}{\overline{AB}}\sin(90° + \beta) \tag{2.23}$$

则

$$\angle DBE = \angle ABO = \arcsin\frac{\overline{OA}}{\overline{AB}}\sin\beta \tag{2.24}$$

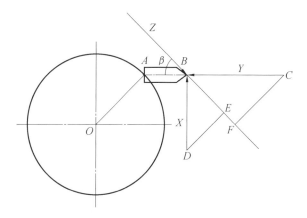

图 2.3　单截齿受力模型

分析式(2.21)及式(2.24),由 $\overline{OA}$ 对应滚筒直径,$\overline{AB}$ 对应截齿齿身长度可知,截齿截割阻力与轴向力、侧向力、截齿位置角、截齿安装角度、滚筒直径、截齿结构等参数呈一定数学关联,代入具体的数值即可得到截齿截割阻力数值。

3. 滚筒截割阻力与截齿轴向载荷的数学关联模型

根据图 2.3,假设该截齿为滚筒上第 i 个截齿,令 $\angle DBE = \beta_1$,其截割阻力与轴向力、侧向力的关系为

$$Z_i = f(Y_i, X_i) = Y_i \sin \beta_1 + X_i \cos \beta_1 \tag{2.25}$$

大量研究表明,滚筒实际工作中,轴向力与侧向力具有相同的变化规律,假设截齿轴向载荷与侧向载荷的关系为

$$X = K_y Y \tag{2.26}$$

式中,K_y 为侧向力系数。

则截齿截割阻力与轴向力的关系为

$$Z_i = Y_i (\sin \beta_1 + K_y \cos \beta_1) \tag{2.27}$$

滚筒上的截齿按照一定次序依次截割煤岩,设第 i 个截齿产生的截割阻力矩为

$$M_i = \frac{D_c \cdot Z_i}{2} \tag{2.28}$$

滚筒上 n 个截齿产生的截割阻力矩之和为

$$\sum_{i=1}^{n} M_i = \frac{D_c}{2} \sum_{i=1}^{n} Z_i \tag{2.29}$$

滚筒截割阻力矩 T 等于滚筒截割载荷与截割阻力作用点到滚筒中心径向距离 L 之积,假设截割阻力作用点与滚筒半径之间的关系为

$$L = K_1 \cdot D_c \tag{2.30}$$

则有

$$T = \frac{K_1 D_c \cdot F_z}{2} \tag{2.31}$$

由力矩平衡条件 $\sum_{i=1}^{n} M_i = T$ 得

$$F_z = \sum_{i=1}^{n} Z_i \cdot \frac{1}{K_{li}} \tag{2.32}$$

由于 L 在实时变化,因此 K_1 也在不断变化,但其值始终小于1,可见滚筒截割阻力数值上大于滚筒上各个截齿同一时刻截割阻力之和。

整理式(2.28)及式(2.32),得到滚筒截割阻力与实验测试得到的截齿轴向载荷之间的关系为

$$F_z = \frac{1}{K_1} \sum_{i=1}^{n} Y_i (\sin \beta_1 + K_y \cos \beta_1) \tag{2.33}$$

4. 截齿截割厚度数学模型

镐型截齿截割载荷与煤岩截割阻抗、滚筒结构参数、截齿截割厚度、截齿几何参数及排列方式等因素有关。滚筒选定后,截齿的工作载荷主要取决于截割厚度,其最大值 $h_{\max}$ 取决于采煤机牵引速度、滚筒转速及截线上的截齿数,有

$$h_{\max} = \frac{v_q}{m \cdot n} \tag{2.34}$$

式中,v_q 为牵引速度,m/min;n 为滚筒转速,r/min;m 为截线上的截齿数。

采煤机工作时,前、后滚筒共同截割,一次采全高,后滚筒截割高度一般小于滚筒直径。截齿截割煤岩为不连续截割,滚筒每转一圈,约有半圈处于截割煤岩工况,当截齿处于不同位置时,其截割厚度也不同。当截齿旋转至与滚筒轴线相齐的水平位置时,截齿具有最大截割厚度。对于任意一截齿,其截割厚度 h_i 为

$$h_i = h_{\max} \cdot \sin \varphi_i \tag{2.35}$$

式中,φ_i 为第 i 个截齿的位置角,(°)。

2.3　基于随机理论的多截齿滚筒截割阻力重构算法

滚筒的真实载荷与滚筒自身结构密切相关,根据获得的实验载荷谱,假设截齿载荷具有一定随机性,并用瑞利分布随机数来进行描述,考虑截齿的截割规律及滚筒的工作参数,确定滚筒在某一位置的瞬时截割阻力,选择截齿位于不同位置的实验点分别进行计算,重构滚筒旋转一周的截割阻力谱。

1. 瑞利分布

瑞利分布是最常见的用于描述平坦衰落信号接收包络或独立多径分量统计时变特性的一种分布类型。如果连续随机变量 ξ 的概率密度为

$$f(x) = \begin{cases} \dfrac{x}{\mu^2} \, e^{-\frac{x^2}{2\mu^2}} & (x \geqslant 0, \mu > 0) \\ 0 & (x < 0, \mu > 0) \end{cases} \tag{2.36}$$

则称 ξ 服从瑞利分布。

瑞利分布的均值为

$$\mu(X) = \int_0^{+\infty} \frac{x^2}{\mu^2} \, e^{-\frac{x^2}{2\mu^2}} \, dx = \int_0^{+\infty} x \, d e^{-\frac{x^2}{2\mu^2}} = -x \, e^{-\frac{x^2}{2\mu^2}} \Big|_0^{+\infty} + \int_0^{+\infty} e^{-\frac{x^2}{2\mu^2}} \, dx$$

$$= \sqrt{2\pi} \, \mu \int_0^{+\infty} \frac{1}{\sqrt{2\pi} \, \mu} \, e^{-\frac{x^2}{2\mu^2}} \, dx = \sqrt{\frac{\pi}{2}} \, \mu \tag{2.37}$$

瑞利分布方差为

$$\text{Var}(X) = \int_0^{+\infty} \frac{x^3}{\mu^2} \, e^{-\frac{x^2}{2\mu^2}} \, dx - \mu^2(X) = \int_0^{+\infty} x^2 \, de^{-\frac{x^2}{2\mu^2}} - \mu^2(X)$$

$$= -x^2 \, e^{-\frac{x^2}{2\mu^2}} \Big|_0^{+\infty} + 2 \int_0^{+\infty} x \, e^{-\frac{x^2}{2\mu^2}} \, dx - \mu^2(X) = 2\mu^2 - \mu^2(X) = \frac{4-\pi}{2}\mu^2$$

$$(2.38)$$

如果 ξ 为 $[0,1]$ 区间均匀分布的随机数列，则令

$$\xi = F(\eta) = 1 - e^{-\frac{\eta^3}{2\mu^2}} \tag{2.39}$$

整理得

$$\eta = \sqrt{-2\mu^2 \ln(1-\xi)} \tag{2.40}$$

η 即为瑞利分布随机数。

2. 截齿截割阻力自关联模型

滚筒上截齿依次截割煤岩，由于煤岩的非均质性，因此滚筒载荷具有很强的随机性，但滚筒上各截齿载荷存在一定的关联性。假设初始接触煤岩的截齿，其截割阻力为 $Z_1(t)$，第二个接触煤岩的截齿，其截割阻力为 $Z_2(t)$，从第一齿截割煤岩到第二齿截割煤岩，其截割时间相隔 Δt，用 S_i 表示截齿载荷随机函数，则有

$$Z_2(t) = Z_1(t + \Delta t, S_i) \tag{2.41}$$

同理，有

$$Z_3(t) = Z_2(t + \Delta t, S_i) = Z_1(t + 2\Delta t, S_i) \tag{2.42}$$

假设 t 时刻，滚筒上第 i 个齿到第 $(i+1)$ 个齿，其截割时间相隔 Δt，若第 i 个齿的截割载荷为 $Z_i(t)$，则同一时刻，任一截齿，其截割阻力满足

$$Z_{i+1}(t) = Z_1(t + (i-1)\Delta t, S_i) \quad (i = 1, \cdots, 8) \tag{2.43}$$

$$\Delta t = \frac{T_g}{n} \tag{2.44}$$

式中，T_g 为滚筒转动周期，s；n 为截齿个数。

3. 瑞利分布下的截割阻力

截割过程中，伴随着大块煤崩落，同时参与破煤的截齿，其截割阻力具有一定的随机性，其值与大块煤崩落周期的关系为

$$Z = \sum_{i=0}^{n_0} Z_{\max} \cdot \sin \varphi_i \cdot \frac{t + T_i \cdot R(i)}{T_i} \tag{2.45}$$

式中，t 为截齿截割时间，s；T_i 为第 i 个截齿截煤过程中大块煤崩落周期，s；$R(i)$ 为瑞利分布随机数，其值为 $0 \sim 1$，$i = 0, 1, \cdots, n_0$，反映了同一时刻，不同截齿所处的截割阻力状态；n_0 为同时参与截割的截齿数。

滚筒截割阻力作用点到滚筒转动中心距离与滚筒直径比值呈现三角函数变化规律,其变化周期为 π,结合式(2.32),有

$$F_z(t) = \sum_{i=1}^{n} \frac{1}{K_{li}} Z_i(t) \tag{2.46}$$

滚筒截割阻力可表示为

$$F_z(t) = \frac{Z_n(t)}{K_{ln}} + \frac{Z_{n-1}(t)}{K_{ln-1}} + \cdots + \frac{Z_1(t)}{K_{l1}} \tag{2.47}$$

将式(2.43)代入,得

$$F_z(t) = \frac{Z_{n-1}(t+(n-2)\Delta t, S_{n-1})}{K_{ln}} + \frac{Z_{n-2}(t+(n-3)\Delta t, S_{n-2})}{K_{ln-1}} + \cdots + \frac{Z_1(t)}{K_{l1}} \tag{2.48}$$

由镐型截齿破煤机理知,煤岩破碎过程中伴随着小块煤岩至大块煤岩崩落的重复性行为。同样截割厚度下,大块煤岩崩落时,截割阻力达到最大值,假设实验煤岩与真实煤岩具有相同截割阻抗,则实验截齿与模拟滚筒上第 i 齿的最大截割阻力分别为

$$Z_{0-max} = A h_0 \tag{2.49}$$

$$Z_{i-max} = A h_i \tag{2.50}$$

联立得

$$Z_{i-max} = Z_{0-max} \frac{h_i}{h_0} \tag{2.51}$$

整理式(2.45)、式(2.47)及式(2.51),即

$$F_z(t) = \frac{Z_{0-max} \cdot \dfrac{h_n}{h_0} \cdot \sin(\varphi + n\Delta\varphi) \cdot \left(\dfrac{h_0 t}{T_0 h_n} + R(n)\right)}{K_{ln}} +$$

$$\frac{Z_{0-max} \cdot \dfrac{h_{n-1}}{h_0} \cdot \sin(\varphi + (n-1)\Delta\varphi) \cdot \left(\dfrac{h_0 t}{T_0 h_{n-1}} + R(n-1)\right)}{K_{ln-1}} + \cdots +$$

$$\frac{Z_{0-max} \cdot \dfrac{h_2}{h_0} \cdot \sin(\varphi + 2\Delta\varphi) \cdot \left(\dfrac{h_0 t}{T_0 h_2} + R(2)\right)}{K_{l2}} +$$

$$\frac{Z_{0-max} \cdot \dfrac{h_1}{h_0} \cdot \sin(\varphi + \Delta\varphi) \cdot \left(\dfrac{h_0 t}{T_0 h_1} + R(1)\right)}{K_{l1}} \tag{2.52}$$

可见,滚筒截割阻力不但与各截齿作用位置有关,也与参与截割的截齿截割阻力峰值、随机分布状态、截齿位置角及煤岩崩落周期有关。

第 3 章 　　多截齿参数可调式旋转 截割煤岩实验研究

　　煤岩的非均质性及井下地质条件的复杂性导致滚筒截割载荷特性极其复杂。由于井下条件,要求测试仪器具有防爆性能,滚筒载荷的井下测定难以进行;如果在井上进行实验,其所需设备与设施需花费大量资金,且实验周期较长,实验场地不易获得,因此一般科研单位难以达到。理论研究计算截割载荷时,对截齿截割煤岩模型和截齿工况都进行了一定的简化,使得计算出的截割载荷与实际载荷存在较大的偏差;为了获得滚筒实际工况下的负载特性,很多学者采用实验室实验的方法进行研究,模拟煤岩的截割过程,获得滚筒的负载特性。

　　国内学者对于滚筒截割煤岩的实验测试已进行许多研究,但是其实验方式多数为单齿截割实验或以滚筒旋转、煤壁单向移动的方式进行实验,其研究结果对于截齿截煤理论的研究具有重要意义,但其所描述的截割载荷与实际工况下的载荷仍然具有较大误差。为了进一步获得实际工况下的滚筒载荷特性,研究影响滚筒载荷的因素,为牵引部动力学分析提供边界条件,本章在进行截齿直线截割煤岩的基础上,采用一种新的实验方法 —— 多截齿参数可调式旋转截割煤岩,进一步研究滚筒截割载荷谱的特性及各参数对截割载荷特性的影响。

3.1 　单截齿直线截割煤岩实验

　　为了初步探索截割载荷谱的变化规律,对截齿的实际工况适当简化,假设截齿截割煤岩过程中截割厚度不变,此时,截齿旋转截割煤岩可以简化为截齿直线截割煤岩。基于采煤机截割破碎煤岩机理,以相似理论为基础,使用量纲分析法使煤岩实验截割过程与实际工况具有相似性,即直线截割煤岩实验所采用的工作机构几何及运动参数相似于实物本身具有的特质参数,模拟的煤岩试样特性与真实煤岩特性相似。

1. 系统量纲参数

相似理论是研究各种相似现象及相似原理的学说。国内众多学者应用相似理论进行了模型实验。采煤机单齿截割实验系统使用 MLT 系统,包含三个基本量纲 L、M、T,分别是长度 l、质量 m、时间 t 的量纲,对实验系统中任意物理量 Q,有

$$[Q] = L^{\mu_1} \, M^{\mu_2} \, T^{\mu_3} \tag{3.1}$$

式中,μ_1、μ_2、μ_3 为量纲指数。

设采煤机单齿截割实验系统中,物理量 q、q_1、q_2、q_3 之间有

$$q^u = q_0 \, q_1^a \, q_2^b \, q_3^c \tag{3.2}$$

式中,u、a、b、c 为待定系数;q_0 为无量纲量。

根据量纲齐次原则,等式两端的量纲一致,即

$$a + b + c = u \tag{3.3}$$

单齿直线截割实验中,存在表 3.1 所示的九个变量互为函数。根据 Buckingham π 定理,有

$$f(v, F, P, b, \beta', T, A, g, v') = 0 \tag{3.4}$$

表 3.1　单截齿直线截割实验系统物理量纲表

参数	符号	量纲
牵引速度 /(m·min⁻¹)	v	LT^{-1}
截齿受力 /N	F	MLT^{-2}
截割功率 /kW	P	ML^2T^{-3}
截齿宽度 /mm	b	L
截齿安装角度 /rad	β'	—
电机扭矩 /(N·m)	T	ML^2T^{-2}
截割阻抗 /Pa	A	$ML^{-1}T^{-2}$
重力加速度 /(m·s⁻²)	g	LT^{-2}
纵向进给速度 /(m·min⁻¹)	v'	LT^{-1}

对于物理量 β',其 $\mu_1 = \mu_2 = \mu_3 = 0$,为无量纲量,即 $[\beta'] = 1$。因此,单齿直线截割实验相似系统中,实际存在八个变量。由于单齿直线截割实验中包含三个基本量纲 L、M、T,因此,可将上述八个变量排列成五个无量纲数的函数关系,即 $\Phi(\pi_1, \pi_2, \cdots, \pi_5) = 0$。

2. 系统 π 矩阵

单齿直线截割实验系统的量纲矩阵参数表见表 3.2。根据表 3.2 中量纲的幂指数值,可得质量系统的三个线性齐次方程为

$$\begin{cases} a_2 + a_3 + a_4 + a_7 = 0 \\ a_1 + a_2 + 2a_3 + 2a_4 + a_5 + a_6 - a_7 + a_8 = 0 \\ -a_1 - 2a_2 - 3a_3 - 2a_4 - a_6 - 2a_7 - 2a_8 = 0 \end{cases} \quad (3.5)$$

表 3.2　量纲矩阵参数表

量纲	v	F	P	T	b	v'	A	g
指数	a_1	a_2	a_3	a_4	a_5	a_6	a_7	a_8
M	0	1	1	1	0	0	1	0
L	1	1	2	2	1	1	-1	1
T	-1	-2	-3	-2	0	-1	-2	-2

将 a_6、a_7 和 a_8 分别表示为其他幂指数的函数,得

$$\begin{cases} a_6 = -2a_1 + 3a_2 + a_3 - 2a_5 \\ a_7 = -a_2 - a_3 - a_4 \\ a_8 = -4a_2 - 4a_3 - 3a_4 + a_5 \end{cases} \quad (3.6)$$

由于相似准则数为五个,故分别设置五组数值,令 $a_1, a_2, \cdots, a_5$ 分别等于 1,其他数值为零,得到

$$\begin{cases} a_1 = 1, & a_2 = a_3 = a_4 = a_5 = 0, & a_6 = -2, & a_7 = 0, & a_8 = 0 \\ a_2 = 1, & a_1 = a_3 = a_4 = a_5 = 0, & a_6 = 3, & a_7 = -1, & a_8 = -4 \\ a_3 = 1, & a_1 = a_2 = a_4 = a_5 = 0, & a_6 = 1, & a_7 = -1, & a_8 = -4 \\ a_4 = 1, & a_1 = a_2 = a_3 = a_5 = 0, & a_6 = 0, & a_7 = -1, & a_8 = -3 \\ a_5 = 1, & a_1 = a_2 = a_3 = a_4 = 0, & a_6 = -2, & a_7 = 0, & a_8 = 1 \end{cases} \quad (3.7)$$

根据上式,建立单齿直线截割实验系统主要量纲参数 π 矩阵参数表(表 3.3)。

表 3.3　单齿直线截割实验系统主要量纲参数 π 矩阵参数表

量纲	v	F	P	T	b	v'	A	g
指数	a_1	a_2	a_3	a_4	a_5	a_6	a_7	a_8
π_1	1	0	0	0	0	-2	0	0
π_2	0	1	0	0	0	3	-1	-4

续表 3.3

量纲	v	F	P	T	b	v'	A	g
指数	a_1	a_2	a_3	a_4	a_5	a_6	a_7	a_8
π_3	0	0	1	0	0	1	-1	-4
π_4	0	0	0	1	0	0	-1	-3
π_5	0	0	0	0	1	-2	0	1

根据表 3.3 中量纲参数对应的量纲指数及无量纲量，可以得到不同量纲参数的相似准则计算表达式，即

$$\begin{cases} \pi_1 = v\,v'^{-2} \\ \pi_2 = F\,v'^{3}\,A^{-1}\,g^{-4} \\ \pi_3 = P\,v'\,A^{-1}\,g^{-4} \\ \pi_4 = T\,A^{-1}\,g^{-3} \\ \pi_5 = b\,v'^{-2}\,g \end{cases} \tag{3.8}$$

3. 系统中相似系数的确定

相似系数是实验系统中物理量同原型系统中对应物理量之比，一般用 C_i 表示。在相似现象中，各物理量的相似常数不能任意选择，而是相互制约的，其大小由实验条件、所研究问题性质等因素确定。由相似第一定理知，相似系统相似指标等于 1，有

$$\begin{cases} C_v = C_{v'}^{2} \\ C_F\,C_{v'}^{3} = C_A\,C_g^{4} \\ C_P\,C_{v'} = C_A\,C_g^{4} \\ C_T = C_A\,C_g^{3} \\ C_b\,C_g = C_{v'}^{2} \end{cases} \tag{3.9}$$

由于实验所用煤岩特性接近真实煤岩特性，因此 $C_A = 1$。目前，截齿截割实验模型的相似系数并没有明确的规定范围。相似系数越大，模型与原型的相似度越好，模型实验的误差越小。在以往研究中，以长度为基准量，取相似系数等于 $1/3$，得到了较好的实验效果。为进一步提高实验精度及减小截齿受力，取 $C_b = 2$，$C_g = 1$，根据上式得到实验系统其他参数的相似系数分别为：$C_A = C_g = C_T = 1$，$C_b = 2$，$C_v = 4$，$C_P = 1/4$，$C_{v'} = 1/16$，$C_F = 1/64$，由此得到单截齿直线截割煤岩实验系统参数。

4. 截割实验台的搭建

根据镐型截齿截割理论,建立单齿截割煤岩物理模型,如图 3.1 所示。实验截齿 3 安装在齿座 2 中,驱动系统 1 完成齿座 2 的旋转运动和进给运动,截齿 3 截割煤岩 4,大块煤崩落,截齿受到截割阻力 5。根据上述数据搭建单齿直线截割实验系统,实验系统由截割实验台和数据采集与分析系统组成。如图 3.2 所示,截割实验台由油缸、力传感器、压电传感器、找平刀具、截齿和框架六部分组成。

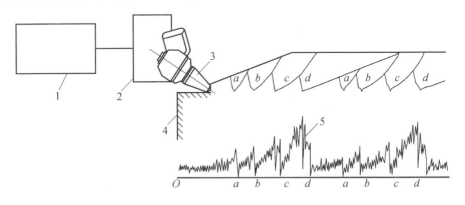

图 3.1　单齿截割煤岩物理模型

1— 驱动系统;2— 齿座;3— 截齿;4— 煤岩;5— 截割阻力

图 3.2　单齿直线截割煤岩实验台

刀架在实验台左右方向的最大位移为 0.7 m,前后方向的最大位移为 0.85 m。实验用煤岩制作过程如下:将真实煤岩破碎成小块状,筛选出直径在 15 ～25 mm 的小块,将煤块与水泥采用 4:1 的比例进行混合(水泥选用 325 硅酸盐水泥),制成试样,其外形尺寸为 550 mm×380 mm×280 mm。数据采集与分析系统由稳压电源、八角环形三向力传感器、双通道 FFT 信号分析仪、动态应变仪、SC-16 型光线示波器及记录仪组成。传感器固定在装有镐型截齿的刀架上，实验时，截齿受到三向力作用，八角环产生相应的应变，引起其上的应变片阻值变化，经测量电路对其阻值进行检测，得到相应数据并输出。

5. 实验结果分析

分别进行镐型截齿楔入角 β 为 45° 和 40° 的实验，得到实验曲线。由于 $C_F = 1/64$，因此，数据处理时，须将载荷值扩大 64 倍，令

$$F(t) = \frac{Z(t)}{Z_{\max}} \tag{3.10}$$

式中，$Z(t)$ 为截割载荷值，kN；$Z_{\max}$ 为截割载荷最大值，kN。

应用离散化和归一化方法对得到的数据曲线进行处理，得到图 3.3、图 3.4 所示曲线。

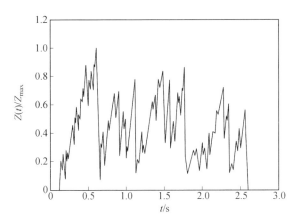

图 3.3　$\beta = 45°$ 时镐型截齿单齿截割阻力实验曲线

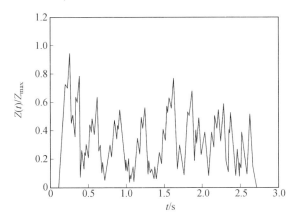

图 3.4　$\beta = 40°$ 时镐型截齿单齿截割阻力实验曲线

　　分析曲线易知,镐型截齿与煤岩体初始接触属于冲击行为,即镐型截齿齿尖与煤岩体形成一定的楔入角度 β,以一定的冲击速度撞击煤岩体,在煤岩破碎过程中,伴随着大块煤与小块煤交替崩落的过程。由于该实验属于单齿平面截割,即截齿截割厚度始终不变,因此,截割载荷的峰值变化不大,但载荷波动较为剧烈,且呈一定周期性变化,每一峰值到谷值对应煤岩楔裂到崩落的过程,即大块煤崩落的过程,大块煤崩落周期中伴随着小块煤的崩落;由于载荷特性与截齿楔入煤岩的角度有重要关系,因此,楔入角为 45° 时和楔入角为 40° 时具有不同的载荷特征值,截齿楔入角为 45° 时的载荷均值略高于 40° 时的载荷均值,但是其整体变化规律相似。在进行滚筒的结构设计时,必须要考虑镐型截齿楔入角及截齿排列对截割载荷的影响。

3.2　实验模拟煤壁制备

　　为保证旋转截割实验能够获得滚筒的真实载荷,需要制作符合井下煤岩真实性质的模拟煤壁,实验材料为煤粉、水和型号为 425 的水泥,模拟煤岩成分及配比见表 3.4。将煤岩捣碎,根据表 3.4 材料配比将材料混合均匀,煤样制备过程如图 3.5 所示。

表 3.4　模拟煤岩成分及配比　　　　　　　　kg

序号	煤粉	水泥	水	石膏粉	煤粉：水泥：水：石膏粉
1	10.5	7.3	3.1	—	1：0.695：0.295
2	11.0	7.3	4.0	—	1：0.664：0.364
3	11.0	6.5	3.5	—	1：0.591：0.318
4	10.0	5.5	3.4	—	1：0.55：0.34
5	11.0	5.5	3.3	—	1：0.5：0.3
6	10.5	7.0	4.4	2.2	1：0.667：0.419：0.21
7	10.5	7.0	4.4	1.5	1：0.667：0.419：0.143
8	10.5	7.0	4.0	0.73	1：0.667：0.381：0.07

(a) 块状煤　　　　　　　　　　　　　　　(b) 取芯

(c) 标准煤样　　　　　　　　　　　　　　(d) 残煤

图 3.5　煤样制备过程

3.3　模拟煤壁力学特性研究

本节主要研究煤岩体试样的材料力学特性,进而研制旋转截割实验所需要的模拟煤壁。

1. 煤岩特性单轴压缩实验

煤岩单轴压缩实验系统如图 3.6 所示,实验系统由 TAW-2 000 kN 微机控制电液伺服压力实验机及微机控制与显示系统组成。设置实验机加载速度为0.05 mm/min,对八种不同配比煤岩的 16 个试样均进行如图 3.7 所示压缩实验,得到各煤岩试样力学参数(表 3.5)。结合表 3.4、表 3.5 分析可知,煤样的配比影响煤岩抗压强度和最大负载,随着煤粉与水泥含量(本书含量均指质量分数)的增加,抗压强度和最大负载均值均呈减小趋势。

图 3.6　煤岩单轴压缩实验系统

图 3.7　煤样单轴压缩实验

表 3.5　各煤岩试样力学参数

序号	1		2		3		4	
抗压强度 /MPa	22	23.8	16.9	16.4	16	14	16	12
强度均值 /MPa	22.9		16.7		15		14	
最大负载 /kN	43.2	46.8	33.3	32.6	31	28	27.5	24
负载均值 /kN	45		32.95		29.5		25.8	
序号	5		6		7		8	
抗压强度 /MPa	9.8	11.8	3.8	6.5	15.6	7.2	11	14
强度均值 /MPa	10.8		5.15		11.4		12.5	
最大负载 /kN	18.8	21.8	7.4	12.7	30.5	14.1	21.6	27.5
负载均值 /kN	20.3		10.1		22.3		24.5	

2. 煤岩试样力学特性

（1）煤岩变形特征。

由上述实验结果可知,煤样破坏形式为劈裂破坏。绘制某一煤岩试样的应力－应变曲线及载荷－时间历程曲线,如图 3.8、图 3.9 所示。

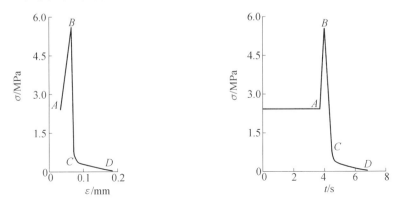

图 3.8　应力－应变曲线　　　　　　图 3.9　载荷－时间历程曲线

由图3.8可知,煤岩变形过程分为三个阶段:AB 段为塑性硬化,BC 段为塑性软化阶段,CD 段为残余强度阶段。由于实验初始阶段对煤样施加了恒定的预压力,所以 AB 段应力值起点并不为零。随着外载的增加,煤样内部产生裂隙及孔隙,并不断扩展、融合,最后导致煤岩破裂,对应的 B 点具有极限应力值,超过极值点后,应力急剧下降,反映出煤岩明显的脆性特征。B 点为煤样破坏的临界点,可知实验用煤样的临界失稳条件为:$\varepsilon = 0.05$ mm。煤样破坏后,并未完全丧失承载能力,煤岩体应变继续增大,继续加载,煤样内部结构发生二次变形与破坏,直至完全失去承载能力。

(2) 煤岩破坏损伤本构模型。

由实验结果可知,煤岩变形具有较强的非线性特点。基于非线性黏弹性理论的可变量本构方程为

$$\begin{cases} \varepsilon = \lambda \sigma \\ \dfrac{\mathrm{d}\lambda}{\mathrm{d}t} = a \sigma^n \lambda^m \end{cases} \quad (3.11)$$

式中,σ 为煤岩的强度,MPa;λ 为材料的可变模量;ε 为煤岩的应变,mm;n 为加载速度效应系数,$n > 1$;m 为应力－应变曲线形状参数;a 为常数,$a > 0$。

应变速度为恒定值,取 $\mathrm{d}\varepsilon = c$,当 $t = 0$ 时,$\lambda = \lambda_0$,对式(3.11)分离变量后积分,有

$$\begin{cases} \sigma = \left(\dfrac{\alpha(n-m+1)}{c(n+1)} \varepsilon^m + \lambda_0^{n-m+1} \varepsilon^{-(n-m+1)} \right)^{-\frac{1}{n-m+1}} & (m \neq n+1) \\ \sigma = \dfrac{\varepsilon}{\lambda_0} \exp\left(-\dfrac{\alpha \varepsilon^{n+1}}{c(n+1)} \right) & (m = n+1) \end{cases} \quad (3.12)$$

不同 m 值下的煤岩具有如图 3.10 所示的应力－应变曲线。

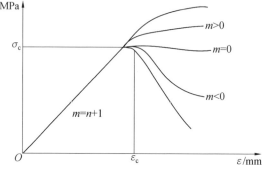

图 3.10　煤岩应力－应变曲线

参数 m 反映了煤岩的不同变形破坏特征。$m < 0$ 时,对应应变硬化状态;$m > 0$ 时,对应应变软化状态;$m = 0$ 时,对应两者的中间状态;$m = n + 1$ 时,对应明显的脆性破坏状态。

大量实验表明,煤岩在外载作用下发生变形破坏时,应力－应变关系在强度极值点 B 之前具有应变硬化的特点,而在极值点 B 之后,具有应变软化的特点,即

$$d\varepsilon \cdot d\sigma \leqslant 0 \tag{3.13}$$

此时,对应的 m 值小于零,图 3.10 所示曲线也较好地反映了这一特点。

当 $m = n + 1$ 时,对式(3.13)两边微分,得

$$d\lambda = \frac{1}{\lambda_0} \exp\left(-\frac{a\varepsilon^m}{cm}\right)\left(1 - \frac{a}{c}\varepsilon^m\right)d\varepsilon \tag{3.14}$$

将式(3.14)代入式(3.13)得

$$\frac{1}{\lambda_0} \exp\left(-\frac{a\varepsilon^m}{cm}\right)\left(1 - \frac{a}{c}\varepsilon^m\right)(d\varepsilon)^2 \leqslant 0 \tag{3.15}$$

若使式(3.15)成立,则有

$$1 - \frac{a}{c} \cdot \varepsilon^m \leqslant 0 \tag{3.16}$$

得到煤岩体脆性破坏的充分条件为

$$\varepsilon \geqslant \left(\frac{a}{c}\right)^{\frac{1}{m}} \tag{3.17}$$

当 $\sigma = \sigma_c$ 时,$\varepsilon = \varepsilon_c$,代入式(3.17),得

$$m = \frac{\ln c - \ln a}{\ln \varepsilon_c} \tag{3.18}$$

$m > 0$ 时,对应应变软化状态,因此,煤岩体发生应变软化的必要条件为

$$\frac{\ln c - \ln a}{\ln \varepsilon_c} > 0 \tag{3.19}$$

煤岩体发生变形时，$|\varepsilon_c| < 1$，且煤岩单轴压缩实验时，$\varepsilon_c \neq 1$，则有 $\ln \varepsilon_c < 0$。

代入式(3.19)，则必须满足

$$\ln a - \ln c < 0 \tag{3.20}$$

综上分析可知，单轴压缩实验下，由煤岩体非线性黏弹性本构方程得到的失稳破坏充要条件为

$$\begin{cases} m = \dfrac{\ln c - \ln a}{\ln \varepsilon_c} \\[2mm] a > \dot{\varepsilon} \\[2mm] \varepsilon > \left(\dfrac{a}{\dot{\varepsilon}}\right)^{\frac{1}{m}} \end{cases} \tag{3.21}$$

该条件从煤岩变形大小确定煤岩是否发生失稳破坏，充分考虑了煤岩失稳破坏前后的变形特点，更好地反映了煤岩变形破坏的特征。

（3）煤岩强度特征。

由实验可知，不同的材料配比制备的煤岩具有不同的力学特性，由于实验要消耗大量的人力、物力和财力，且实验周期较长，因此，进行材料各种配比下的单轴压缩实验并不可行，在理论上也没有这个必要。由上述实验可知，煤岩的抗压强度与煤样的材料配比密切相关，且具有一定的内在关联。配制不同配比的煤样，得到更多种配比下煤岩的抗压强度，结合表 3.5 中的实验数据，通过曲线拟合，得到煤岩抗压强度与材料配比之间呈幂指数下降的关系，曲线如图 3.11(a) 所示，其拟合曲线方程可表示为

$$\sigma = 42.077\xi^{-1.937\,3} \tag{3.22}$$

式中，ξ 为煤、水泥配比。

由图 3.11(b) 可知，当 $\xi = 1.5$ 时，添加石膏粉后，在实验范围内，煤岩试样抗压强度有所降低，并且随着石膏粉的增加逐渐减小。其曲线拟合方程可表示为

$$\sigma = 21.538 e^{-1.937\,3\varepsilon}$$

当添加石膏粉为 2.2 kg 时，实验煤样强度最低，其值为 5.4 MPa。综合该试样的强度特征，对照表 3.5 可知，该煤样强度满足实际煤岩强度特性，可以使用该配比研制模拟煤壁。

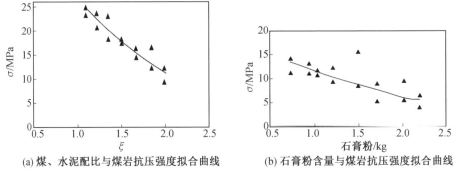

(a) 煤、水泥配比与煤岩抗压强度拟合曲线　　　(b) 石膏粉含量与煤岩抗压强度拟合曲线

图 3.11　煤岩抗压强度与材料配比关系拟合曲线

3.4　多截齿参数可调式旋转截割煤岩实验

单齿直线截割煤岩实验得到的截割载荷谱是以单向截割和截割厚度恒定为前提,所得到的截割面为平面,截割载荷谱的变化不具备与滚筒转数对应的周期特征。为了研究不同参数对截割性能的影响,同时得到更为精确的截割载荷谱,课题组研制了多截齿参数可调式旋转截割实验台,制备了实验用模拟煤壁,进行了相关实验,得到的实验曲线可为后续牵引部的动力学分析提供输入条件。

1. 实验系统工作原理及特性

多截齿参数可调式旋转截割煤岩实验系统由实验台、测试系统和煤壁模拟系统组成。实验台主要由四大部分组成:截割系统(主传动系统)、进给系统(辅助传动系统)、控制系统和实验台架,如图 3.12 所示。截割系统完成截齿机构的旋转截割,根据传动路线,具体包括:截割电机、减速器、转速转矩传感器、截割轴、多路滑环和旋转截割机构。进给系统完成采煤机牵引速度和进给速度的模拟,具体包括:实验台滑轨、液压缸及液压泵站等。

该实验系统具有多参数可调、多截齿、旋转截割煤岩、计算机多通道同步检测数据等特性,能够真实模拟井下的截齿旋转截割工况,实现采煤机滚筒直径为 $1.2 \sim 2.0$ m,滚筒转速在 $40 \sim 100$ r/min,任意镐齿安装角的截割实验,其性能在国内采煤机研究领域处于领先地位,与国内现有截割实验系统相比,多截齿参数可调式旋转截割煤岩实验系统具有以下独特的工作特性。

(1) 国内现有的截割实验装置多数为平面截割实验装置,并且无法调整截齿楔入角等结构参数及牵引速度、截割速度等运动参数;课题研制的实验系统不但可以实现截齿安装角度、排列方式和截线距等几何参数的调整,还可以实现运动

图 3.12　旋转截割实验台

参数及矿压等的调整,同时,其截割厚度在不断变化,测试系统可以同步测得截齿三向力和滚筒扭矩相关数据。

（2）实验用模拟煤壁与真实煤岩具有较高的相似性。通过煤岩特性的单轴实验获得了煤岩力学特性与材料配比的关系,以煤岩抗压强度为基准,制备了模拟煤壁。

（3）实验系统配备了煤岩崩落测试系统,通过高速摄像机捕获煤岩破碎过程,实现截割过程的真实再现,可作为分析煤岩破碎理论的重要手段。

2. 不同截齿楔入角的截割阻力测试

（1）实验方案。

众多研究表明,滚筒结构的几何参数和运动参数对滚筒截割阻力有重要影响。滚筒的截割性能除了与截齿排列形式有关,还与截齿的布置角度有关。截齿楔入煤岩的角度 β 与切向安装角度 β' 的关系为

$$\beta + \beta' = 90° \tag{3.23}$$

截齿安装角是滚筒的重要结构参数,对截割性能有直接影响。为研究截齿安装角与截割载荷谱的关系,针对不同截齿安装角下截割阻力进行实验,其参数表见表 3.6。

表 3.6　实验方案参数表

项目	参数值	项目	参数值
类型	普通镐型截齿	截线距 /mm	58
截齿长度 /mm	160	最大切削厚度 /mm	15
齿柄直径 /mm	$\phi 30$	牵引速度 /(m·min^{-1})	0.618
齿身长度 /mm	90	煤岩截割阻抗 /(kN·m^{-1})	180~200
齿尖夹角 /(°)	75	滚筒转速 /(r·min^{-1})	40.8
齿尖伸出合金头长度 /mm	14	滚筒直径 /mm	1 420
		截齿安装角度 /(°)	35、50

（2）测试载荷与齿尖载荷的关系。

旋转截割实验中，为了便于测得截齿径向力 Y' 与轴向力 Y，传感器位于截齿齿座中，因为轴向力传感器位于截齿轴线上，因此，其对轴向力测试结果并没有影响，所测得的轴向力即为截齿的真实轴向力。而对于侧向力来说，由于侧向力传感器测得的侧向力并不通过截齿齿尖，因此数据采集系统测得的侧向力并不等于截齿齿尖的真实作用力，根据截齿在齿座内的安装尺寸，得到作用在截齿齿尖的真实侧向力为测试结果的 0.793。

（3）截割阻力测试结果及分析。

调试设备，确认其工作状态良好。安装好实验用截齿，调整截割臂位置，确定滚筒直径值；调整截齿齿座位置，确定截齿安装位置；调整好截割臂之间的夹角，确定截线距；调整所需的截齿安装角度，设置所需牵引速度，移动模拟煤壁至合适位置，进行多截齿旋转截割实验，测试与采集数据。在截齿上建立一空间坐标系，定义沿着截齿轴线方向的载荷为轴向载荷，截齿上平行于滚筒轴线的载荷为径向载荷，剩下一个方向的作用载荷为侧向载荷。进行了截割角度为 35°和 50°时的截割阻力测试实验，得到的截齿不同安装角度下，三个截齿截割载荷测试曲线如图 3.13、图 3.14 所示（实验过程中，按照截齿接触煤壁的顺序，将三个截齿分别定义为 1 号、2 号和 3 号截齿）。

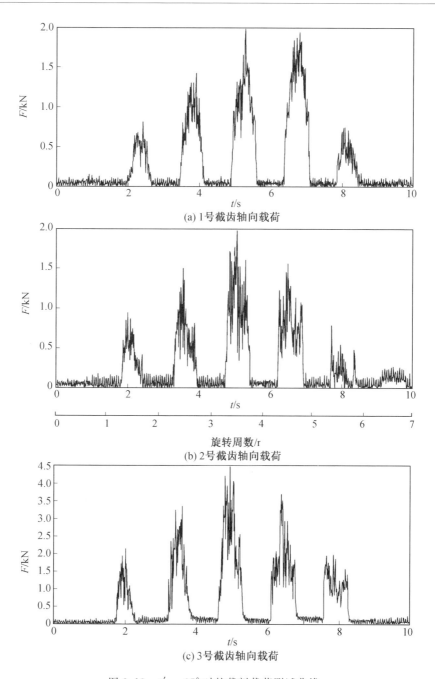

(a) 1号截齿轴向载荷

(b) 2号截齿轴向载荷

(c) 3号截齿轴向载荷

图 3.13　$\beta' = 35°$ 时的截割载荷测试曲线

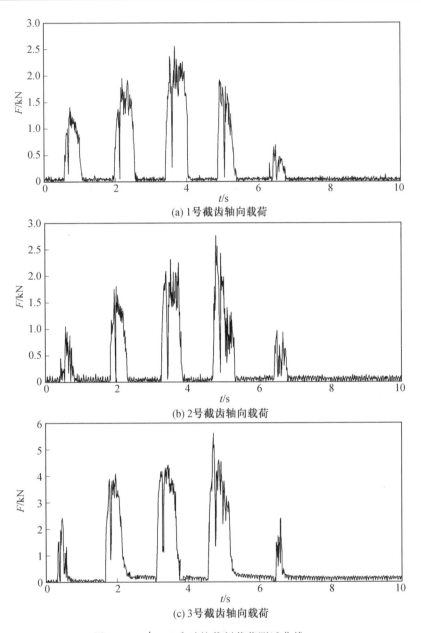

(a) 1号截齿轴向载荷

(b) 2号截齿轴向载荷

(c) 3号截齿轴向载荷

图 3.14　$\beta' = 50°$ 时的截割载荷测试曲线

设置实验截线距时,考虑了在 1 号截齿退出截割前,2 号截齿便进入截割状态,同理,2 号截齿退出截割前,3 号截齿进入截割状态,易知 2 号截齿最能真实反映截齿的真实工况。由图 3.13(b) 可知,由滚筒转速为 40.8 r/min,计算得到滚筒转动周期为 1.47 s,实验取样时间为 10 s,此时截割臂转了 6.8 r,即滚筒大约旋转了 7 r。在截齿截割煤岩并不断进给的过程中,截齿上轴向截割载荷在宏观上呈周期性变化,滚筒转动第 1 圈时,截齿刚刚接触煤岩,不存在大块煤崩落过程,只有小块煤的剥落,载荷波动频繁,但载荷值及波动值均较小,从第 2 圈开始,截齿逐渐楔入煤岩,截割厚度逐渐增大,截齿上轴向载荷谱各峰值随截割厚度的增大而增大,对应图中标示的第 2 圈、第 3 圈;当截割厚度达到最大值时,此时载荷谱同时达到峰值,对应图中标示的第 4 圈;当多截齿参数可调式旋转截割实验台减速进给,截齿截割厚度逐渐减小,截齿破碎煤岩载荷也随之逐渐减小,对应图中标示的第 5 圈、第 6 圈,最后一圈,截齿逐渐与煤岩分离,但仍保持接触,其煤岩崩落过程特性与滚筒第 1 圈转动类似,载荷特性对应图中标示的第 7 圈。

不同截齿安装角度下,2 号截齿截割阻力最大值分别为 1.99 kN、2.81 kN。将三个截齿截割载荷叠加,得到图 3.15 所示载荷代数和。观察图 3.13 ～ 3.15,其载荷变化规律基本一致,在截齿截割煤岩并不断进给的过程中,截齿上轴向截割载荷同样呈周期性变化,截齿上轴向载荷谱随截割厚度的增大而增大,当截割厚度达到最大值时,此时载荷谱也同时达到峰值,当多截齿参数可调式旋转截割实验台减速进给,截齿破碎,煤岩载荷随之逐渐减小。不同安装角度,截齿的载荷峰值差别较大,截齿楔入角为 35° 时,载荷波动更为剧烈,小块煤崩落周期更小,说明截齿安装角度对截割载荷特性有显著影响。

3. 不同牵引速度下的截割阻力测试

（1）实验方案。

截齿截割煤岩时,截割瞬时厚度在不断变化,截割载荷与截割厚度有直接关系。由于滚筒的最大截割厚度与牵引速度成正比,因此,采煤机以不同牵引速度前进时,对应不同的最大切削厚度。方案以牵引速度为变量,研究截齿切削厚度对截割载荷的影响规律,分析切削厚度与截割载荷间的内在解析关系。本方案测试安装角为 45°,牵引速度分别为 0.618 m/min、0.816 m/min 及 1.02 m/min 时的截割阻力曲线,其他参数与表 3.6 相同。

（2）截割阻力测试结果及分析。

采煤机实际工作中,截齿一般在最大切削厚度下工作,2 号截齿在不同牵引速度下,截割厚度最大时的截割阻力测试曲线,如图 3.16 ～ 3.18 所示。

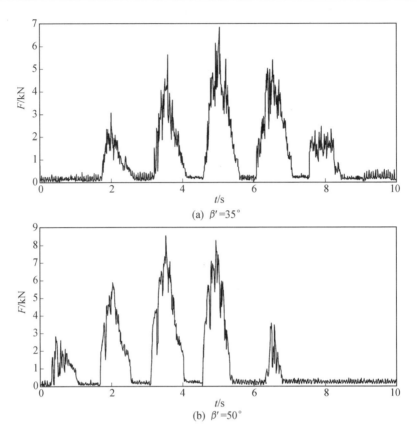

(a)　$\beta'=35°$

(b)　$\beta'=50°$

图 3.15　三个截齿轴向载荷代数和

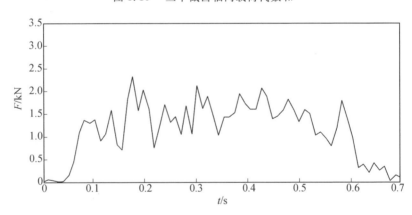

图 3.16　牵引速度为 0.618 m/min 时的截割阻力测试曲线

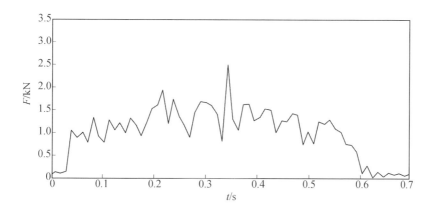

图 3.17　牵引速度为 0.816 m/min 时的截割阻力测试曲线

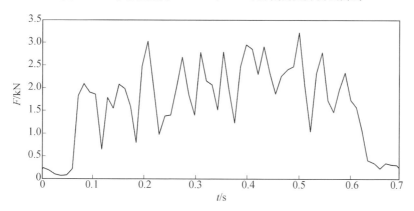

图 3.18　牵引速度为 1.02 m/min 时的截割阻力测试曲线

当截齿截割厚度最大时,其相应的载荷峰值最大。设置截割厚度最大值依次为 15 mm、20 mm、25 mm,所对应的牵引速度分别为 0.618 m/min、0.816 m/min、1.02 m/min,截齿单周转动周期为 1.47 s,滚筒转动一周的过程中,其上的截齿大约有一半的时间在进行截割,即滚筒转一周,截齿工作时间大约为 0.735 s,在一个周期内,由于截齿逐渐深入煤壁,因此,随着截齿截割厚度的变化,载荷峰值轮廓呈现为月牙状,符合载荷变化规律。三种牵引速度下,载荷波动趋势基本一致,即伴随着煤岩的崩落,载荷由峰值跌落到谷值,一个周期内,伴随着多次的煤岩崩落过程,大块煤崩落与小块煤崩落交替进行。根据整个周期内出现的峰值次数,可以估算出大块煤崩落的平均周期,根据大块煤崩落周期内小块煤崩落的次数,亦可估算出小块煤崩落的周期。对比图 3.16 ～ 3.18,随着牵引速度的增大,小块煤崩落的周期增大,说明牵引速度过大不利于煤岩的崩落;截齿的载荷幅值依次为 2.22 kN、2.57 kN、3.18 kN,载荷均值依次为

1.06 kN、1.26 kN、1.61 kN。可知,随着牵引速度的增大,滚筒最大截割厚度相应增大,实验测得的载荷幅值也同时增加,载荷均值同样呈增加趋势,说明牵引速度越大,滚筒受到的截割阻力越大,牵引速度的合理选取对减小滚筒截割阻力及增大采煤机工作效率十分重要。

4. 不同截齿齿尖形状的截割阻力测试

(1)实验方案。

截齿是截割煤岩时的直接承载对象,其齿尖的结构直接影响着截割载荷的大小,也决定着煤岩破碎过程中的截割比能耗和粉尘量多少等,关乎着采煤的经济效益。实际工作中,截齿以一定角度楔入煤岩,截齿产生一定的磨损,截齿齿尖形状发生变化,齿尖变钝,截割载荷也随之变化。为了避免偏磨,保证截齿齿尖磨损均匀,截齿在齿座内要有一定的自旋性能。目前,截齿齿尖一般为镐型截齿,其自旋性能较好,但是煤岩破碎效果一般。针对镐型截齿的不足,应运而生了棱型截齿,目前使用较少,其棱面相当于齿刃,可以有效提高煤岩破碎效率,但是其强度较镐型截齿弱。实验研究镐型截齿、棱型截齿及磨钝后的镐型截齿与截割载荷的变化关系,测试安装角为 45°、牵引速度为 0.816 m/min 时的截割阻力曲线。

(2)截割阻力测试结果及分析。

重复上述实验过程,得到不同齿尖形状下截齿截割阻力测试曲线如图 3.19 ~ 3.21 所示。

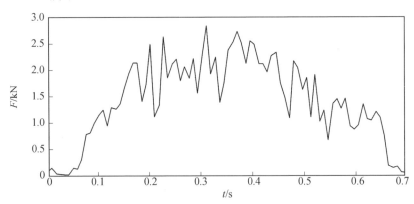

图 3.19　镐型截齿截割阻力测试曲线

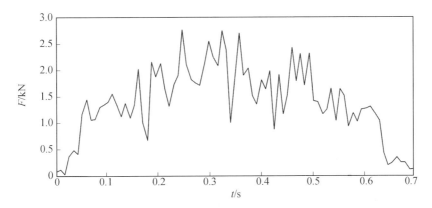

图 3.20　　棱型截齿截割阻力测试曲线

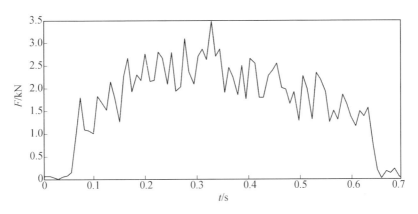

图 3.21　　镐型钝齿截割阻力测试曲线

三种不同类型截齿,镐齿、棱齿和钝齿,截齿的载荷幅值依次为 2.74 kN、2.8 kN、3.42 kN,载荷均值分别为 1.37 kN、1.41 kN、1.79 kN。镐齿的截割阻力最小,钝齿的载荷幅值及均值均明显增大,说明单从降低截割阻力角度来说,镐齿的截割性能最优,截齿磨损后,钝齿截割,其截割阻力会明显增大,因此,在截齿磨损一定程度时,必须及时更换截齿,以降低滚筒截割阻力及比能耗。从煤岩崩落周期上来看,棱型截齿初始楔入煤岩后,煤岩崩落时刻最先来临,小块煤崩落周期较短,说明棱型截齿易于楔入煤岩,但楔入煤岩后,其崩落周期并不均匀;镐型截齿磨钝后,其小块煤崩落周期较为均匀,且有所降低,说明截齿齿尖不是越尖越好,齿尖过尖,煤岩反倒不易崩落。

比较上述实验方案可知,截齿楔入角对截割载荷峰值的影响最大,截齿磨钝后也会显著提高载荷峰值,但小块煤崩落周期会更加均匀;牵引速度增大不但不利于小块煤崩落,也会使截割载荷峰值随之增大。因此,在进行采煤机运动参数和结构参数选取时,各个参数一定要进行合理匹配,在提高采煤机工作效率的同时,尽量保证各零部件的使用寿命,使煤炭开采获得最佳的经济效益。

第4章　随机载荷谱重构算法数值模拟与载荷预测

采煤机实际工作中,截齿的数目多于三个,由于实验条件的限制,无法通过实验直接模拟整个滚筒的截割阻力,从滚筒工作特点及截割理论角度来说,也没有这个必要。利用第 2 章所述理论,通过截齿在滚筒上的排列方式及相互之间的位置关系,可以由实验中三个截齿的截割载荷进行载荷作用时间及作用幅值的叠加,重构出多截齿滚筒上其他位置截齿的截割载荷,并基于自回归移动平均模型进行多截齿滚筒随机载荷谱的预测。

4.1　单齿截割载荷

1.截割载荷测试信号的提取

单截齿载荷曲线并不能准确描述滚筒载荷特性,由于截齿的排列具有一定的规律性,根据截齿排列特点及每一个截齿在滚筒上的位置,可以用测试得到的截齿载荷曲线中所包含的截齿载荷信息,描述滚筒上其他截齿的载荷信息。由于 2 号截齿最能代表截齿的真实截割工况,因此,提取 2 号截齿的相关载荷信息,以 $\beta=50°$ 为例,提取 2 号截齿单周载荷曲线,并重新定义截割时间,将测试时间由 0 s 开始计数,得到截割载荷－时间历程图如图 4.1 所示。由于截齿截割煤岩的过程实质上是煤岩受到作用力后不断从煤壁崩落的过程,因此,描述截齿载荷的有效信息实际上是煤岩崩落始末时刻截齿的受力信息。滤掉载荷高频信号,提取载荷的峰值与谷值,得到表 4.1 所示数据,可知滚筒旋转一周过程中,截齿载荷出现 17 次波动,每一次峰值与谷值的形成都伴随着一次煤岩的崩落过程。易知,实验条件下,煤岩崩落周期约为 0.04 s。

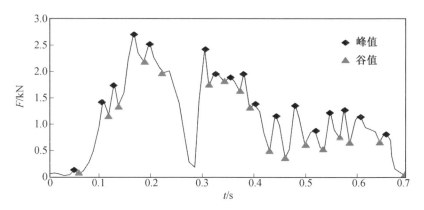

图 4.1　2 号截齿截割载荷－时间历程图

表 4.1　截割载荷峰值、谷值数值表

时间 /s	0	0.06	0.08	0.11	0.14	0.25	0.28	0.3	0.33
峰值 /kN	0.111	1.474	1.797	2.757	2.564	2.43	1.941	1.899	1.98
时间 /s	0.01	0.07	0.09	0.13	0.17	0.26	0.29	0.32	0.34
谷值 /kN	0.044	1.175	1.351	2.191	1.992	1.725	1.802	1.624	1.29
时间 /s	0.35	0.39	0.43	0.47	0.5	0.52	0.55	0.6	0.69
峰值 /kN	1.38	1.196	1.399	0.89	1.254	1.313	1.175	0.833	0.029
时间 /s	0.38	0.41	0.45	0.49	0.51	0.53	0.59	0.65	0.7
谷值 /kN	0.484	0.353	0.613	0.526	0.728	0.629	0.662	0.014	0.027

2. 单齿截割载荷的拟合算法

(1) 最佳平方逼近法。

将上述实验获得的截齿截割曲线用 $f(x)$ 表示,对函数 $f(x) \in C[a,b]$ 及 $C[a,b]$ 中的一个子集 $\varphi = \mathrm{span}\{\varphi_0(x),\varphi_1(x),\cdots,\varphi_n(x),\cdots\}$,若存在 $S^*(x) \in \varphi$,使

$$\|f(x) - S^*(x)\|_2^2 = \min_{S(x) \in \varphi} \|f(x) - S^*(x)\|_2^2 = \min_{S(x) \in \varphi} \int_a^b \rho(x)\,(f(x) - S(x))^2 \mathrm{d}x$$

$$(4.1)$$

式中,$\rho(x)$ 为区间 $[a,b]$ 上的权函数;$S^*(x)$ 为 $f(x)$ 在子集 $\varphi \subset [a,b]$ 中的最佳平方逼近函数。

易知,求 $S^*(x)$ 等价于求多元函数,即

$$I(a_0,a_1,\cdots,a_n) = \min_{S(x) \in \varphi} \int_a^b \rho(x)\,\Big(\sum_{j=0}^n a_j \varphi_j(x) - f(x)\Big)^2 \mathrm{d}x \qquad (4.2)$$

式中，$\varphi_j(x)$ 为 $[a,b]$ 上带权 $\rho(x)$ 的正交函数族；$I(a_0,a_1,\cdots,a_n)$ 为关于 a_0，$a_1,\cdots,a_n$ 的二次函数。

（2）最小二乘法。

将上述实验过程中获得的 $f(x)$ 用一组离散点集 $\{x_i\}(i=1,2,\cdots,m)$ 进行表示，使函数 $y=S^*(x)$ 与所给数据拟合，若记误差 $\delta_i=S^*(x)-y_i$，$\boldsymbol{\delta}=(\delta_0,\delta_1,\cdots,\delta_m)^T$，设 $\varphi_0(x),\varphi_1(x),\cdots,\varphi_n(x)$ 是 $C[a,b]$ 上线性无关函数族，在 $\varphi=\mathrm{span}\{\varphi_0(x),\varphi_1(x),\cdots,\varphi_n(x)\}$ 中找一函数 $S^*(x)$，使其误差平方和满足

$$\|\boldsymbol{\delta}\|_2^2=\sum_{i=0}^m\delta_i^2=\sum_{i=0}^m(S^*(x_i)-y_i)^2=\min_{S(x)\in\varphi}\sum_{i=0}^m(S^*(x_i)-y_i)^2 \quad (4.3)$$

式中

$$S(x)=a_0\varphi_0(x)+a_1\varphi_1(x)+\cdots+a_n\varphi_n(x) \quad (n<m)$$

其中，若 $\varphi_k(x)$ 是 k 次多项式，则 $S(x)$ 就是 n 次多项式。

设 $\omega(x)\geqslant0$ 是 $C[a,b]$ 上的权函数，同样，用最小二乘法求曲线拟合的问题转化为求多元函数

$$I(a_0,a_1,\cdots,a_n)=\min_{S(x)\in\varphi}\int_a^b\rho(x)\left(\sum_{j=0}^na_j\varphi_j(x)-f_i(x)\right)^2\mathrm{d}x \quad (4.4)$$

极小点的问题。由多元函数极值的必要条件有

$$\frac{\partial I}{\partial a_k}=2\sum_{i=0}^m\omega(x_i)\left(\sum_{j=0}^na_j\varphi_j(x)-f_i(x)\right)\varphi_k(x_i)=0 \quad (k=0,1,\cdots,n)$$

$$(4.5)$$

记

$$(\varphi_j,\varphi_k)=\sum_{i=0}^m\omega(x_i)\varphi_j(x_i)\varphi_k(x_i) \quad (4.6)$$

$$(f,\varphi_k)=\sum_{i=0}^m\omega(x_i)\varphi_j(x_i)\varphi_k(x_i)\equiv d_k \quad (k=0,1,\cdots,n) \quad (4.7)$$

可将式（4.5）改写为

$$\sum_{j=0}^na_j(\varphi_j,\varphi_k)=d_k \quad (k=0,1,\cdots,n) \quad (4.8)$$

将上式写为矩阵形式，有

$$\boldsymbol{Ga}=\boldsymbol{d} \quad (4.9)$$

式中

$$\boldsymbol{a}=(a_0,a_1,\cdots,a_n)^T$$

$$\boldsymbol{d}=(d_0,d_1,\cdots,d_n)^T$$

$$G = \left\{ \begin{matrix} (\varphi_0, \varphi_0) & (\varphi_0, \varphi_1) & \cdots & (\varphi_0, \varphi_n) \\ (\varphi_1, \varphi_0) & (\varphi_1, \varphi_1) & \cdots & (\varphi_1, \varphi_n) \\ \vdots & \vdots & & \vdots \\ (\varphi_n, \varphi_0) & (\varphi_n, \varphi_1) & \cdots & (\varphi_n, \varphi_n) \end{matrix} \right\}$$

(3) 基于正交多项式的最小二乘拟合法。

如果 $\varphi_0(x)$，$\varphi_1(x), \cdots$，$\varphi_n(x)$ 是关于点集 $\{x_i\}$ $(i=0,1,\cdots,m)$ 带权 $\omega(x_i)$ $(i=0,1,\cdots,m)$ 的正交函数族，则

$$(\varphi_j, \varphi_k) = \sum_{i=0}^{m} \omega(x_i) \varphi_j(x_i) \varphi_k(x_i) = \begin{cases} 0 & (j \neq k) \\ A_k > 0 & (j = k) \end{cases} \quad (4.10)$$

则式(4.8)的解为

$$a_k^* = \frac{(f, \varphi_k)}{(\varphi_k, \varphi_k)} = \frac{\displaystyle\sum_{i=0}^{m} \omega(x_i) \varphi_j(x_i) \varphi_k(x_i)}{\displaystyle\sum_{i=0}^{m} \omega(x_i) \varphi_k^2(x_i)} \quad (k=0,1,\cdots,n) \quad (4.11)$$

根据给定节点 $x_0, x_1, \cdots, x_m$ 及权函数 $\omega(x) > 0$，构造正交多项式 $\{P_n(x)\}$，用递推公式表示为 $P_k(x)$，$P_k(x)$ 具有正交性，则

$$\begin{cases} P_0(x) = 1 \\ P_1(x) = (x - \alpha_1) P_0(x) & (k=1,2,\cdots,n-1) \\ P_{k+1}(x) = (x - \alpha_{k+1}) P_k(x) - \beta_k P_{k-1}(x) \end{cases}$$

$$(4.12)$$

$$\alpha_{k+1} = \frac{\displaystyle\sum_{i=0}^{m} \omega(x_i) x_i P_k^2(x_i)}{\displaystyle\sum_{i=0}^{m} \omega(x_i) P_k^2(x_i)} = \frac{(x P_k(x), P_k(x))}{(P_k(x), P_k(x))} = \frac{(x P_k, P_k)}{(P_k, P_k)}$$

$$(k=0,1,2,\cdots,n-1) \quad (4.13)$$

$$\beta_k = \frac{\displaystyle\sum_{i=0}^{m} \omega(x_i) P_k^2(x_i)}{\displaystyle\sum_{i=0}^{m} \omega(x_i) P_{k-1}^2(x_i)} = \frac{(P_k, P_k)}{(P_{k-1}, P_{k-1})} \quad (k=1,2,\cdots,n-1) \quad (4.14)$$

利用式(4.12) ～ (4.14)，可以逐步求出 $P_k(x)$，其相应的系数为

$$a_k = \frac{(f, P_k)}{(P_k, P_k)} = \frac{\displaystyle\sum_{i=0}^{m} \omega(x_i) f(x_i) P_k(x_i)}{\displaystyle\sum_{i=0}^{m} \omega(x_i) P_k^2(x_i)} \quad (k=0,1,2,\cdots,n) \quad (4.15)$$

逐步把 $a_k^*\,P_k(x)$ 累加到 $S(x)$ 中,得到所求得的拟合曲线为

$$y = S(x) = a_0^*\,P_0(x) + a_1^*\,P_1(x) + \cdots + a_n^*\,P_n(x) \tag{4.16}$$

3. 单齿截割载荷数学方程

将图 4.1 提取的曲线峰值和谷值数据,采用最佳平方逼近法进行曲线拟合,分别取多项式阶数 n 为 2、3 和 4,即分别使用二阶、三阶和四阶多项式进行拟合,得到的单齿截割载荷多项式拟合曲线如图 4.2 所示。

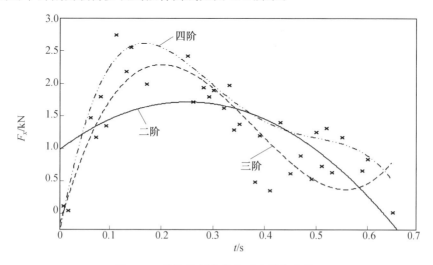

图 4.2　单齿截割载荷多项式拟合曲线

n 值越大,曲线拟合精度越高。截齿多项式拟合方程及优度见表 4.2,当 $n=4$ 时,其拟合优度接近 0.9。观察四阶拟合曲线,其整体趋势呈现为月牙形,这是因为滚筒截割煤岩时,截齿是不算楔入煤岩的,其截割厚度是在不断变化的,在煤岩截割面上,其截割厚度的变化曲线呈现为月牙形曲线,由于截割阻力与截齿最大截割厚度在一定条件下呈正比例关系,因此,截割阻力曲线整体趋势与最大截割厚度曲线一致。曲线初始值不是从零开始,这并不是指初始状态下,截齿已经楔入煤岩一定深度,而是因为曲线拟合时,为了保证整体的拟合优度,导致 0.07 s 之前的曲线拟合优度不高,因此,为了保证曲线在整个时间历程上的拟合优度,当 $t \leqslant 0.07$ s 时,使用三阶多项式的拟合结果,当 $t > 0.07$ s 时,使用四阶多项式的拟合结果。

表 4.2　截齿多项式拟合方程及优度

多项式阶数 n	拟合方程	拟合优度
2	$f(x) = -11.55\,t^2 + 5.661t + 1.053$	0.517 1
3	$f(x) = 66.69\,t^3 - 76.03\,t^2 + 22.19t + 0.247\,7$	0.725 6
4	$f(x) = -224.2\,t^4 + 356.7\,t^3 - 196.1\,t^2 + 39.12t - 0.240\,3$	0.896 4

4.2　滚筒随机载荷重构算法的数值模拟

1. 滚筒载荷时域重构

以 2 号截齿最大截割厚度处的测试载荷为依据,根据截齿排列方式,对滚筒载荷进行重构。以镐型截齿楔入角为 $\beta = 50°$ 的 2 号截齿破碎煤岩实验载荷谱曲线为处理对象,其等距采样时间为 $\Delta T = 0.02\ \text{s}$,$N = 36$ 个,取 $[\delta] = 0.1$,设偏差许可值为 $[\delta]$,如果有 $\delta_j > [\delta]$,则将 D_j 点作为新增型值点。对 B 样条曲线进行优化,直至所有点满足 $\delta_i \leqslant [\delta]$,求得的截齿截割载荷 B 样条曲线控制点如图 4.3 所示,实验载荷谱的截齿等效截割阻力曲线如图 4.4 所示。

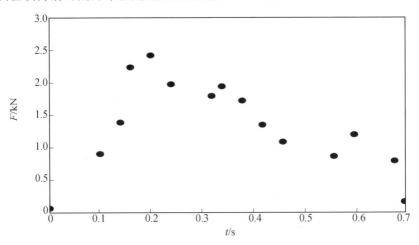

图 4.3　截齿截割载荷 B 样条曲线控制点

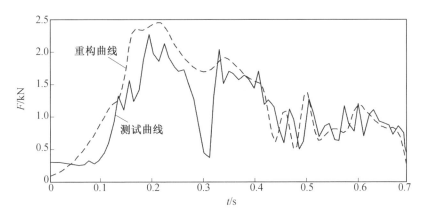

图 4.4 截齿等效截割阻力曲线

从图 4.4 中曲线分析可知,重构的截割载荷谱曲线宏观趋势比较光滑,波形特征比较容易辨识,其特征值便于判断和提取,重构截割载荷谱在总体趋势上与实验载荷谱有较好的吻合度,基本与月牙形的截割面类似,进而验证了该研究方法可较好定量地对实验载荷谱进行等效处理。

滚筒上截齿成一定规律进行排列,滚筒上截齿按一定次序依次截割煤岩,截齿排列对滚筒截割载荷有一定影响。滚筒上截齿的基本排列方式有棋盘式和顺序式排列两种,如图 4.5 所示,图中 α_1 为螺旋线升角。合理的截齿排列方式应能使采煤机采出的煤块度大,产生的粉尘少,且机械的振动小。相比顺序式排列,棋盘式排列两侧截槽接近对称,可以保证截齿两侧受力基本平衡,有利于减小整机振动,降低截齿侧向力和截割比能耗。

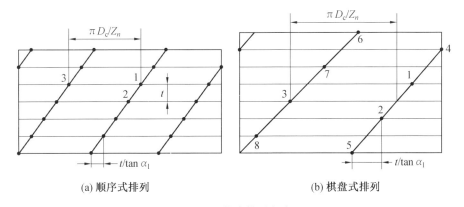

(a) 顺序式排列　　　　　　　　(b) 棋盘式排列

图 4.5 截齿排列方式

由于煤岩的非均质性,因此采煤机滚筒截割载荷呈随机性变化。滚筒上截齿包括端盘截齿和叶片截齿,由于端盘截齿受力大小与叶片截齿受力大小近似呈一定比例关系,且课题重点探索载荷变化的规律,因此可按照测试截割阻力推算端盘截齿受力大小,忽略载荷峰值特征对载荷特性的影响。图 4.6 所示为某采煤机滚筒叶片截齿排列及受力示意图。

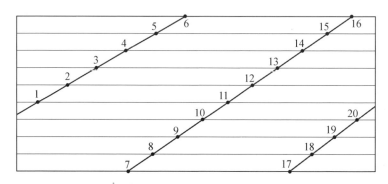

图 4.6   某采煤机滚筒叶片截齿排列及受力示意图

除去端盘截齿,叶片上共有 20 个截齿,其截线距为 70 mm,螺旋线升角为 20°。易知,同时有 10 个截齿截割煤岩,假设 1 号截齿即将退出截割,11 号截齿即将进入截割,则第 1 ~ 10 号截齿正在截割煤岩,各个截齿截割厚度不同,假设截割阻力大小与截割厚度近似呈线性关系,则可以根据滚筒不同位置上各个截齿的截割厚度,结合实验测试数据推算各个截齿的截割阻力。

根据式(2.35),可以将任意截齿切削厚度表示为

$$h_i = h_{max} \cdot \sin(\varphi + i\Delta\varphi) \quad (i = 0,1,\cdots,9) \quad (4.17)$$

式中,φ 为滚筒转动位置角,(°);$\Delta\varphi$ 为相邻截齿周间夹角,(°)。

易知 $\Delta\varphi = \dfrac{360}{20} = 18°$,由 $h_{max} = 15$ mm 得到各个截齿的截割厚度(表 4.3)。

表 4.3   1 ~ 10 号截齿的截割厚度

序号	2、10	3、9	4、8	5、7	6	1
截齿位置角 /(°)	18	36	54	72	90	0
截割厚度 /mm	4.64	8.82	12.14	14.27	15	0

根据测得的实验曲线,大块煤崩落周期 $T_0 \approx 0.04$ s。利用第 2 章所述理论,按时间轴等距原则,选取实验曲线中的数据,对滚筒截割阻力进行重构,得到计算点处的重构数据,滚筒载荷重构曲线如图 4.7 所示。

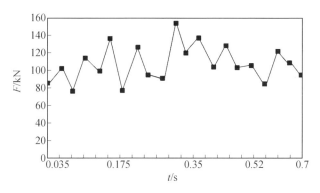

图 4.7　滚筒载荷重构曲线

2. 改进的 FFT 算法

重构后的滚筒载荷曲线只在重构点处具有真实性,其重构曲线相当于一组离散点集给定的曲线。当 $f(x)$ 只在给定的离散点集 $\left\{x_j = \dfrac{2\pi}{N}j\right\}$ $(j=0,1,\cdots,N-1)$ 上已知时,可得到离散点集正交性与相应的离散傅立叶系数。令

$$x_j = \frac{2\pi j}{2m+1} \quad (j=0,1,\cdots,2m) \tag{4.18}$$

对于任何 $0 \leqslant k,l \leqslant m$,有

$$\begin{cases} \displaystyle\sum_{j=0}^{2m} \sin l\,x_j \sin k\,x_j = \begin{cases} 0 & (l \neq k \text{ 或 } l=k=0) \\[2mm] \dfrac{2m+1}{2} & (l=k \neq 0) \end{cases} \\[8mm] \displaystyle\sum_{j=0}^{2m} \cos l\,x_j \cos k\,x_j = \begin{cases} 0 & (l \neq k \text{ 或 } l=k=0) \\[2mm] \dfrac{2m+1}{2} & (l=k \neq 0) \\[2mm] 2m+1 & (l=k=0) \end{cases} \\[10mm] \displaystyle\sum_{j=0}^{2m} \cos l\,x_j \cos k\,x_j = 0 & (0 \leqslant k,j \leqslant m) \end{cases} \tag{4.19}$$

可见,函数族 $\{1,\cos x,\sin x,\cdots,\cos mx,\sin mx\}$ 在点集 $\left\{x_j = \dfrac{2\pi j}{2m+1}\right\}$ 上正交,若令 $f_j = f(x_j)$ $(j=0,1,\cdots,2m)$,则 $f(x)$ 的最小二乘三角逼近为

$$S_n(x) = \frac{a_0}{2} + \sum_{k=1}^{n} (a_k \cos kx + b_k \sin kx) \quad (n < m) \tag{4.20}$$

式中, $a_k = \dfrac{2}{2m+1} \displaystyle\sum_{j=0}^{2m} f_j \cos \dfrac{2\pi jk}{2m+1}$, $b_k = \dfrac{2}{2m+1} \displaystyle\sum_{j=0}^{2m} f_j \sin \dfrac{2\pi jk}{2m+1}(k=0,$

$1,\cdots,m)$。

当 $m=n$ 时，$f_j=S_m(x_j)$，则

$$S_m(x)=\frac{a_0}{2}+\sum_{k=1}^{m}(a_k\cos kx+b_k\sin kx)\quad(n<m)\quad(4.21)$$

由于滚筒重构曲线中，重构点之间为等分点，且

$$e^{ijx}=\cos jx+i\sin jx\quad(j=0,1,\cdots,N-1;i=\sqrt{-1})\quad(4.22)$$

函数族 $\{1,e^{ix},\cdots,e^{i(N-1)x}\}$ 在函数周期内正交，将 e^{ijx_k} 组成的向量记作

$$\boldsymbol{\varphi}_j=(1,e^{ij\frac{2\pi}{N}},\cdots,e^{ij\frac{2\pi}{N}(N-1)x})^T\quad(4.23)$$

能够证明 $\varphi_0,\varphi_1,\cdots,\varphi_{N-1}$ 是正交的。因此，$f(x)$ 在 N 个离散点上的最小二乘傅立叶逼近为

$$S_n(x)=\sum_{k=0}^{n-1}(c_k e^{ikx})\quad(n<N)\quad(4.24)$$

式中，$c_k=\dfrac{1}{N}\displaystyle\sum_{J=0}^{N-1}f_j e^{-ikj\frac{2\pi}{N}}(k=0,1,\cdots,n-1)$。

将 $c_k=\dfrac{1}{N}\displaystyle\sum_{J=0}^{N-1}f_j e^{-ikj\frac{2\pi}{N}}$ 改写为

$$c_j=\sum_{k=0}^{N-1}x_k\bar{\omega}^{kj}\quad(4.25)$$

当离散数据个数点 $N=2^3$ 时，将 k、j 用二进制表示为

$$k=k_2 2^2+k_1 2^1+k_0 2^0=(k_2 k_1 k_0)，\quad j=j_2 2^2+j_1 2^1+j_0 2^0=(j_2 j_1 j_0)$$

则有

$$c_j=c(j_2 j_1 j_0)，\quad x_k=x(k_2 k_1 k_0)$$

上式可表示为

$$c(j_2 j_1 j_0)=\sum_{k_0=0}^{1}\sum_{k_1=0}^{1}\sum_{k_2=0}^{1}x(k_2 k_1 k_0)\bar{\omega}^{(k_2 k_1 k_0)(j_2 2^2+j_1 2^1+j_0 2^0)}$$

$$=\sum_{k_0=0}^{1}\left(\sum_{k_1=0}^{1}\left(\sum_{k_2=0}^{1}x(k_2 k_1 k_0)\bar{\omega}^{j_0(k_2 k_1 k_0)}\right)\bar{\omega}^{j_1(k_1 k_0 0)}\right)\bar{\omega}^{j_2(k_0 00)}$$

$$(4.26)$$

引入记号

$$\begin{cases} A_0\,(k_2\,k_1\,k_0) = x\,(k_2\,k_1\,k_0) \\[2mm] A_1\,(k_1\,k_0\,j_0) = \displaystyle\sum_{k_2=0}^{1} A_0\,(k_2\,k_1\,k_0)\,\bar{\omega}^{j_0\,(k_2 k_1 k_0)} \\[2mm] A_2\,(k_0\,j_1\,j_0) = \displaystyle\sum_{k_1=0}^{1} A_1\,(k_1\,k_0\,j_0)\,\bar{\omega}^{j_1\,(k_1 k_0 0)} \\[2mm] A_3\,(j_2\,j_1\,j_0) = \displaystyle\sum_{k_2=0}^{1} A_2\,(k_0\,j_1\,j_0)\,\bar{\omega}^{j_2\,(k_0 0 0)} \end{cases} \tag{4.27}$$

式(4.26)可写为

$$c\,(j_2\,j_1\,j_0) = A_3\,(j_2\,j_1\,j_0)$$

同理,式(4.27)中第二行可写为

$$\begin{cases} A_1\,(k_1\,k_0\,0) = A_0\,(0\,k_1\,k_0) + A_0\,(1\,k_1\,k_0) \\[2mm] A_1\,(k_1\,k_0\,1) = (A_0\,(0\,k_1\,k_0) - A_0\,(1\,k_1\,k_0))\,\bar{\omega}^{(0 k_1 k_0)} \end{cases} \tag{4.28}$$

将上式还原为十进制,有

$$k = (0\,k_1\,k_0) = k_1\,2^1 + k_0\,2^0 \quad (k=0,1,2,3)$$

得

$$\begin{cases} A_1\,(2k) = A_0\,(k) + A_0\,(k+2^2) \\[2mm] A_1\,(2k+1) = (A_0\,(k) - A_0\,(k+2^2))\,\bar{\omega}^{k} \end{cases} \quad (k=0,1,2,3) \tag{4.29}$$

同样,将式(4.27)中第三行、第四行进行简化并还原为十进制,有

$$\begin{cases} A_2\,(k\,2^2 + j) = A_1\,(2k+j) + A_1\,(2k+j+2^2) \\[2mm] A_2\,(k\,2^2 + j) = (A_1\,(2k+j) - A_1\,(2k+j+2^2))\,\bar{\omega}^{2k} \end{cases} \quad (k=0,1;j=0,1) \tag{4.30}$$

$$\begin{cases} A_3\,(j) = A_2\,(j) + A_2\,(j+2^2) \\[2mm] A_3\,(2^2+j) = A_2\,(j) - A_2\,(j+2^2) \end{cases} \quad (j=0,1,2,3) \tag{4.31}$$

根据以上三式,由 $A_0(k) = x(k) = x_k$,逐次计算即可得到 c_j。

将上式推广到 $N = 2^p$,则有

$$\begin{cases} A_q\,(k\,2^q + j) = A_{q-1}\,(k\,2^{q-1} + j) + A_{q-1}\,(k\,2^{q-1} + j + 2^{p-1}) \\[2mm] A_q\,(k\,2^q + j + 2^{q-1}) = (A_{q-1}\,(k\,2^{q-1} + j) - A_{q-1}\,(k\,2^{q-1} + j + 2^{p-1}))\,\bar{\omega}^{k2^{q-1}} \end{cases} \tag{4.32}$$

式中,$q=1,\cdots,p$;$k=0,1,\cdots,2^{p-q}-1$;$j=0,1,\cdots,2^{q-1}-1$。

采用改进后的 FFT 算法比一般 FFT 算法的计算量大大减小,计算速度大大提高,计算精度一致。

将该滚筒载荷重构曲线利用上述算法进行拟合,得到图 4.8 所示结果。

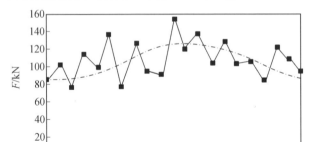

图 4.8　滚筒载荷的傅立叶函数拟合

可见,重构结果的拟合曲线与单齿截割载荷在轮廓上有较好的近似度。其曲线拟合表达式为

$$f(x) = a_0 + a_1 \cos \omega t + b_2 \sin \omega t \tag{4.33}$$

其系数为

$$a_0 = 107.6(89.46, 125.7); \quad a_1 = -16.76(-37.2, 4.479);$$
$$b_2 = -2.887(-52.32, 46.55); \quad \omega = 8.433(0.549\ 3, 16.32)$$

4.3　ARIMA 模型下滚筒载荷的预测

由于实验条件限制,只能得到有限时间内的截齿载荷,并采用上述方法进行拟合及重构。截割阻力实验得到的测试曲线整体上表现出某种周期性变化,曲线上各点又具有一定的随机性,相互之间又存在一定的相关性,因此,可将其看作一系列的时间序列。

1.自回归移动平均模型

(1) ARMA 模型。

自回归移动平均模型(auto-regressive moving average,ARMA)可表示为

$$Y_t = \sum_{j=1}^{p} a_j Y_{t-j} + \sum_{k=0}^{q} b_k h_{t-k} \tag{4.34}$$

式中,Y_t 为时间序列;p、q 为模型阶数;a_j、b_k 为自回归平均参数和移动平均参数。

可见,一个时间序列在某时刻的值可以用 p 个历史观测值的线性组合加上一个白噪声序列的 q 项移动平均来表示。

（2）预测模型的建立及参数识别。

在滚筒截割载荷预测中，假设滚筒载荷样本函数为 $F(x_t)$，提取的有限个采样值构成的有限序列为 $(x_1, x_2, \cdots, x_n)$。定义自相关函数和偏相关函数为

$$\rho_k = \frac{\gamma_k}{\gamma_0} \tag{4.35}$$

$$\varphi_{kk} = \frac{(x_t - \widehat{E}(x_t))(x_{t-k} - \widehat{E}(x_t))}{E((x_{t-k} - \widehat{E}(x_t))^2)} = \begin{cases} \widehat{\rho}_1 & (k=1) \\ \dfrac{\widehat{\rho}_k - \displaystyle\sum_{j=1}^{k-1} \widehat{\varphi}_{k-1,j}\,\widehat{\rho}_{k-j}}{1 - \displaystyle\sum_{j=1}^{k-1} \widehat{\varphi}_{k-1,j}\,\widehat{\rho}_{k-j}} & (k=2,3,\cdots) \end{cases} \tag{4.36}$$

其中

$$\gamma_0 = \frac{1}{n-1} \sum_{t=1}^{n} (x_t - E(x_t))^2$$

$$\widehat{\varphi}_{k,j} = \widehat{\varphi}_{k-1,j} - \widehat{\varphi}_{kk}\,\widehat{\varphi}_{k-1,k-j}$$

$$\gamma_k = \mathrm{cov}(x_t, x_{t+k}) = E((x_t - x_\mu)(x_{t+k} - x_\mu))$$

$$= \frac{1}{n} \sum_{t=1}^{n-k} E(x_t - E(x_t))(x_{t-k} - E(x_t))$$

使用先后估计法，利用自协方差函数 γ_k 的截尾特性，先估算自回归参数 a_j，后估算移动平均参数 b_k。根据自协方差函数 γ_k 的递推公式，当 $k \geqslant q+1$ 时，γ_k 的计算公式中将不再含有 b_k，即

$$\gamma_k = a_1 \gamma_{k-1} + a_2 \gamma_{k-2} + \cdots + a_n \gamma_{k-n} \quad (k \geqslant q+1) \tag{4.37}$$

令 $k = q+1, q+2, \cdots, q+p$，由于 γ_k 为偶函数，则有

$$\begin{bmatrix} \gamma_{q+1} \\ \gamma_{q+2} \\ \vdots \\ \gamma_{q+p} \end{bmatrix} = \begin{bmatrix} \gamma_q & \gamma_{q-1} & \gamma_{q-2} & \cdots & \gamma_{q-p+1} \\ \gamma_{q+1} & \gamma_q & \gamma_{q-1} & \cdots & \gamma_{q-p+2} \\ \vdots & \vdots & \vdots & & \vdots \\ \gamma_{q+p-1} & \gamma_{q+p-2} & \gamma_{q+p-3} & \cdots & \gamma_q \end{bmatrix} \begin{bmatrix} a_1 \\ a_2 \\ \vdots \\ a_p \end{bmatrix} \tag{4.38}$$

将上式简记为

$$\gamma_A = \gamma_B a \tag{4.39}$$

解上述方程，从而可以估计出自回归参数 a_j。在 ARMA(p,q) 中，令

$$Y_t = -\sum_{j=0}^{p} a_j x_{t-j} \quad (a_0 = -1) \tag{4.40}$$

则有

$$Y_t = -\sum_{k=0}^{q} b_k \varepsilon_{t-k} \quad (b_0 = -1) \tag{4.41}$$

由 a_j 及式(4.40)即可求出 $Y_t(t = p+1, p+2, \cdots, N)$。

将式(4.40)、式(4.41)两边同时乘以 Y_{t-j},并取数学期望,则有

$$\gamma_{y,j} = E\left(\sum_{j=0}^{p} a_j x_{t-j} \sum_{k=0}^{p} a_k x_{t-i-k}\right) = \sum_{j=0}^{p} \sum_{k=0}^{p} a_j a_k E(x_{t-j} x_{t-i-k}) = \sum_{j=0}^{p} \sum_{k=0}^{p} a_j a_k \gamma_{i+k-j}$$

$$\gamma_{y,j} = E\left(\sum_{k=0}^{q} b_k \varepsilon_{t-k} \sum_{i=0}^{q} b_{k-i} \varepsilon_{t-i-k}\right) = \sum_{k=0}^{q} \sum_{i=0}^{q} b_k b_{k-i} E(\varepsilon_{t-j} \varepsilon_{t-i-k})$$

$$= \sum_{k=0}^{q} \sum_{i=0}^{q} b_k b_{k-i} \sigma_a^2 \delta_{i+k-j}$$

即

$$\gamma_{y,j} = \sigma_a^2 \sum_{k=0}^{q} b_k b_{k+i} \tag{4.42}$$

(3)AIC 准则下模型的定阶。

模型的定阶即模型的适用性检验。AIC 准则从提取出现观测时序的最大信息量出发,进行 ARMA 模型的适用性检验。定义 AIC 准则函数为

$$\text{AIC}(p_0) = -2\ln L + 2 p_0 \tag{4.43}$$

式中,p_0 为模型阶次,$p_0 = p + q$;L 为时间序列 $\{x_t\}$ 的似然函数。

当 $\{x_t\}$ 是平稳、正态时间序列时,有

$$L = \prod_{t=1}^{N} \frac{1}{\sqrt{2\pi}\ \sigma_a} \exp\left(-\frac{1}{2\sigma_a^2}(x_t - \hat{\mu}_t)^2\right) \tag{4.44}$$

式中,$\hat{\mu}_t$ 为 $\{x_t\}$ 在 t 时刻的数学期望估计值,$x_t - \hat{\mu}_t = \varepsilon_t$。

将 $x_t - \hat{\mu}_t = \varepsilon_t$ 代入式(4.44)并进行累乘计算,有

$$L = \left(\frac{1}{2\pi\ \sigma_a}\right)^{\frac{N}{2}} \exp\left(-\frac{1}{2\sigma_a^2} \sum_{t=1}^{N} \varepsilon_t^2\right) \tag{4.45}$$

又

$$\sigma_a^2 = \frac{1}{N} \sum_{t=1}^{N} \varepsilon_t^2 \tag{4.46}$$

将上式代入式(4.45)并取自然对数,整理得

$$-2\ln L = N\ln \sigma_a^2 + N\ln 2\pi + N \tag{4.47}$$

将上式代入式(4.43),对于既定的 N,式(4.47)中的 $N\ln 2\pi + N$ 为常数,其值不影响 $\text{AIC}(p_0) = -2\ln L + 2 p_0$,因此可将其忽略,则 AIC 准则函数可写为

$$\text{AIC}(p_0) = N\ln \sigma_a^2 + 2 p_0 \tag{4.48}$$

AIC(p_0)是模型阶次p_0的函数,当 AIC(p_0)值最小时,该阶次即为适用模型阶次。

假设采煤机执行机构为一个 N 自由度的振动系统,则滚筒载荷可以用 ARMA($2N,2N-1$)模型来描述,其自回归模型阶数为 $2N$。以实验获得的截割载荷谱为时间序列,通过数值计算方法得到自回归阶数为 $2N$ 下的 AIC 值如图 4.9 所示。由图可知,AIC 值最小时,所对应的自回归模型阶数为 4,则滚筒载荷的 AIC 模型阶次为 ARMA(4,3)。

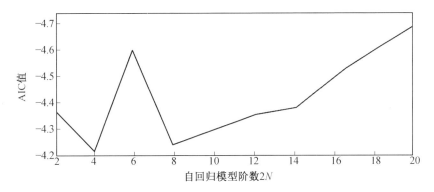

图 4.9　自回归阶数为 $2N$ 下的 AIC 值

2. 时间序列法预测滚筒载荷

应用时间序列法进行预测时,要求数据具有平稳性,由于截割阻力信号存在明显的不平稳性,因此,需对其进行平稳性处理。引用有序差分算子$\nabla=1-B$,对截割阻力时间序列$\{y_t\}$进行一阶有序差分变换,则有

$$\nabla x_t = (1-B)x_t = x_t - x_{t-1} \tag{4.49}$$

经过 d 阶差分换算后,有

$$\nabla^d x_t = (1-B)^d x_t \tag{4.50}$$

则原滚筒载荷时间序列可表示为

$$a(B)\,\nabla^d\,x_t = b(B)\,\varepsilon_t \tag{4.51}$$

上式即为累积式自回归移动平均模型 ARIMA(p,d,q)(autoreg ressive integrated moving average,ARIMA)。

采用上述方法对所获得的实验曲线进行滚筒载荷预测,得到 ARMA 和 ARIMA 模型下滚筒载荷预测曲线如图 4.10 所示。

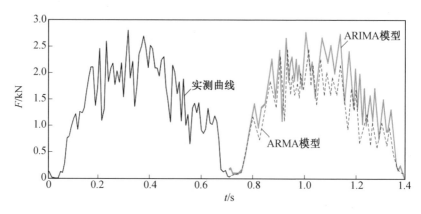

图 4.10　滚筒载荷预测曲线

　　通过与实际曲线进行比较,两种模型均能进行载荷趋势的预测,但是 ARMA 模型预测值要低于实际值,而加入差分算子的 ARIMA 模型,其预测精度要高于 ARMA 模型的预测精度。

第 5 章　　重构载荷下采煤机牵引传动系统力学特性研究

牵引系统起着保证采煤机实现沿着工作面移动的重要作用,它的性能对提高工作面生产能力起着主导作用,对整机的安全、稳定与高效截割也有重要影响。牵引负载与滚筒截割载荷密切关联,截割载荷特性影响牵引特性,牵引特性反过来影响截割的稳定性。由于截割载荷的复杂性,因此牵引系统的载荷波动明显,随着采煤机向着更大功率和大倾角采煤的方向发展,采煤工作面条件越来越复杂,牵引部的动态特性也呈现出更为复杂的特性,研究采煤机整机的牵引性能成为各主要研究院研制的重点课题。

5.1　机械系统动力学理论

系统动力学理论的研究起步于航天领域,其数学建模方法一般使用拉格朗日法。机械领域的建模方法一般使用笛卡儿法,二者在刚体位形的描述上存在不同。笛卡儿法采用绝对坐标系,将机械系统中每一个物体视为一个单元,其所建立的局部坐标系固结在刚体上,刚体的位置用全局坐标系进行描述,其广义坐标统一为刚体坐标基点的笛卡儿坐标与坐标系的方位坐标,系统动力学模型的一般形式可表示为

$$\begin{cases} A q = \boldsymbol{\Phi}_q^{\mathrm{T}} \lambda = \boldsymbol{B} \\ \boldsymbol{\Phi}(\boldsymbol{q}, t) = \boldsymbol{0} \end{cases} \tag{5.1}$$

式中,$\boldsymbol{\Phi}_q$ 为约束方程雅可比矩阵;λ 为拉格朗日因子;$\boldsymbol{\Phi}$ 为位置坐标阵 $\boldsymbol{q}$ 的约束方程。

(1)多刚体系统运动学方程。

在一平面机构上建立全局坐标系 xOy,设其由 n_b 个刚性构件组成,在每个构件 i 上建立独立的局部坐标系 $x_i' y_i' z_i'$。选定构件 i 局部坐标系原点 O_i' 的全局坐标 $\boldsymbol{r}_i = [x_i, y_i]^{\mathrm{T}}$ 和局部坐标系相对于全局坐标系的转角 φ_i,组成构件 i 的笛卡

儿广义坐标矢量 $\boldsymbol{q}_i = [x_i, y_i, z_i]^T$，系统广义坐标矢量可表示为 $\boldsymbol{q} = [\boldsymbol{q}_1^T, \boldsymbol{q}_2^T, \cdots, \boldsymbol{q}_{n_b}^T]^T$。

设系统中表示运动副的约束方程数为 n_h 个，则用系统广义坐标矢量表示的运动学约束方程组为

$$\boldsymbol{\Phi}^K(\boldsymbol{q}) = [\boldsymbol{\Phi}_1^K(\boldsymbol{q}), \boldsymbol{\Phi}_2^K(\boldsymbol{q}), \cdots, \boldsymbol{\Phi}_{n_h}^K(\boldsymbol{q})]^T = \boldsymbol{0} \tag{5.2}$$

为使系统具有确定运动，需要为系统施加 $(n_c - n_h)$ 个驱动约束，即

$$\boldsymbol{\Phi}^D(\boldsymbol{q}, t) = \boldsymbol{0} \tag{5.3}$$

由式(5.2)所表示的系统运动学约束和式(5.3)表示的驱动约束合成系统所受的全部约束，即

$$\boldsymbol{\Phi}(\boldsymbol{q}, t) = \begin{bmatrix} \boldsymbol{\Phi}^K(\boldsymbol{q}, t) \\ \boldsymbol{\Phi}^D(\boldsymbol{q}, t) \end{bmatrix} = \boldsymbol{0} \tag{5.4}$$

该非线性方程组构成了系统位置方程，求解上式即可得到系统在任意时刻的 $\boldsymbol{q}(t)$。

对式(5.4)运用链式微分法则求导，得到速度方程为

$$\dot{\boldsymbol{\Phi}}(\boldsymbol{q}, \dot{\boldsymbol{q}}, t) = \boldsymbol{\Phi}_q(\boldsymbol{q}, t)\dot{\boldsymbol{q}} + \boldsymbol{\Phi}_t(\boldsymbol{q}, t) = \boldsymbol{0} \tag{5.5}$$

令

$$\boldsymbol{\Phi}_t(\boldsymbol{q}, t) = -\boldsymbol{v}(\boldsymbol{q}, t)$$

则速度方程为

$$\dot{\boldsymbol{\Phi}}(\boldsymbol{q}, \dot{\boldsymbol{q}}, t) = \boldsymbol{\Phi}_q(\boldsymbol{q}, t)\dot{\boldsymbol{q}} - \boldsymbol{v}(\boldsymbol{q}, t) = \boldsymbol{0} \tag{5.6}$$

对式(5.6)求导，得加速度方程为

$$\ddot{\boldsymbol{\Phi}}(\boldsymbol{q}, \dot{\boldsymbol{q}}, \ddot{\boldsymbol{q}}, t) = \boldsymbol{\Phi}_q(\boldsymbol{q}, t)\ddot{\boldsymbol{q}} + (\boldsymbol{\Phi}_q(\boldsymbol{q}, t)\dot{\boldsymbol{q}})_q \dot{\boldsymbol{q}} + 2\boldsymbol{\Phi}_{qt}(\boldsymbol{q}, t)\dot{\boldsymbol{q}} + \boldsymbol{\Phi}_{tt}(\boldsymbol{q}, t) = \boldsymbol{0} \tag{5.7}$$

令

$$(\boldsymbol{\Phi}_q \dot{\boldsymbol{q}})_q \dot{\boldsymbol{q}} + 2\boldsymbol{\Phi}_{qt}\dot{\boldsymbol{q}} + \boldsymbol{\Phi}_{tt} = -\boldsymbol{\eta}(\boldsymbol{q}, \dot{\boldsymbol{q}}, t)$$

则加速度方程为

$$\ddot{\boldsymbol{\Phi}}(\boldsymbol{q}, \dot{\boldsymbol{q}}, \ddot{\boldsymbol{q}}, t) = \boldsymbol{\Phi}_q(\boldsymbol{q}, t)\ddot{\boldsymbol{q}} - \boldsymbol{\eta}(\boldsymbol{q}, \dot{\boldsymbol{q}}, t) = \boldsymbol{0} \tag{5.8}$$

定义 $\boldsymbol{\Phi}_q$ 为雅可比矩阵，其值为

$$(\boldsymbol{\Phi}_q)_{(i,j)} = \frac{\partial(\boldsymbol{\Phi}_i)}{\partial(\boldsymbol{q}_j)} \tag{5.9}$$

雅可比矩阵 $\boldsymbol{\Phi}_q$ 是非奇异的，则可得到各离散时刻的广义坐标速度和加速度。

（2）多刚体系统动力学方程。

任意一个刚体构件，设其质量为 m，极转动惯量为 J_i，作用于质心的合外力为矢量 $\boldsymbol{F}_i$，合力矩为 $\boldsymbol{M}_i$，在刚体质心建立局部坐标系 $x'O'y'$，根据牛顿定理，则可导出该刚体带质心坐标的变分运动方程为

$$\delta\, \boldsymbol{r}_i^{\mathrm{T}}(m_i\,\ddot{\boldsymbol{r}}_i - \boldsymbol{F}_i) + \delta\,\boldsymbol{\varphi}_i(J'_i - \ddot{\boldsymbol{\varphi}}_i - \boldsymbol{M}_i) = \boldsymbol{0} \qquad (5.10)$$

式中，$\delta\boldsymbol{r}_i$ 与 $\delta\boldsymbol{\varphi}_i$ 分别为 $\boldsymbol{r}_i$ 与 $\boldsymbol{\varphi}_i$ 的变分。

为构件 i 定义广义坐标，有

$$\boldsymbol{q}_i = \left[\boldsymbol{r}_i^{\mathrm{T}}, \boldsymbol{\varphi}_i\right]^{\mathrm{T}} \qquad (5.11)$$

定义广义力为

$$\boldsymbol{Q}_i = \left[\boldsymbol{F}_i^{\mathrm{T}}, \boldsymbol{M}_i\right]^{\mathrm{T}} \qquad (5.12)$$

质量矩阵为

$$\boldsymbol{M}_i = \mathrm{diag}\,(m_i, m_i, J'_i)^{\mathrm{T}} \qquad (5.13)$$

可将式（5.10）写成虚功原理的形式，有

$$\delta\, \boldsymbol{q}_i^{\mathrm{T}}(\boldsymbol{M}_i\,\ddot{\boldsymbol{q}}_i - \boldsymbol{Q}_i) = \boldsymbol{0} \qquad (5.14)$$

对于由 n_{b} 个构件组成的机械系统，系统的变分运动方程为

$$\sum_{i=1}^{n_{\mathrm{b}}} \delta\, \boldsymbol{q}_i^{\mathrm{T}}(\boldsymbol{M}_i\,\ddot{\boldsymbol{q}}_i - \boldsymbol{Q}_i) = \boldsymbol{0} \qquad (5.15)$$

系统的广义坐标矢量、质量矩阵及广义力矢量为

$$\boldsymbol{q} = \left[\boldsymbol{q}_1^{\mathrm{T}}, \boldsymbol{q}_2^{\mathrm{T}}, \cdots, \boldsymbol{q}_{n_{\mathrm{b}}}^{\mathrm{T}}\right]^{\mathrm{T}} \qquad (5.16)$$

$$\boldsymbol{M} = \mathrm{diag}(\boldsymbol{M}_1, \boldsymbol{M}_2, \cdots, \boldsymbol{M}_{n_{\mathrm{b}}}) \qquad (5.17)$$

$$\boldsymbol{Q} = \left[\boldsymbol{Q}_1^{\mathrm{T}}, \boldsymbol{Q}_2^{\mathrm{T}}, \cdots, \boldsymbol{Q}_{n_{\mathrm{b}}}^{\mathrm{T}}\right]^{\mathrm{T}} \qquad (5.18)$$

系统的变分方程可表示为

$$\delta\, \boldsymbol{q}_i^{\mathrm{T}}(\boldsymbol{M}_i\,\ddot{\boldsymbol{q}}_i - \boldsymbol{Q}_i) = \boldsymbol{0} \qquad (5.19)$$

若将作用在系统的广义外力表示为

$$\boldsymbol{Q}^A = \left[\boldsymbol{Q}_1^{A^{\mathrm{T}}}, \boldsymbol{Q}_2^{A^{\mathrm{T}}}, \cdots, \boldsymbol{Q}_{n_{\mathrm{b}}}^{A^{\mathrm{T}}}\right]^{\mathrm{T}} \qquad (5.20)$$

式中，$\boldsymbol{Q}_i^{\mathrm{T}} = \left[\boldsymbol{F}_i^{A^{\mathrm{T}}}, n_i^A\right]^{\mathrm{T}}, i = 1, 2, \cdots, n_{\mathrm{b}}$。

则理想约束情况下的系统变分运动方程为

$$\delta\, \boldsymbol{q}^{\mathrm{T}}(\boldsymbol{M}\ddot{\boldsymbol{q}} - \boldsymbol{Q}^A) = \boldsymbol{0} \qquad (5.21)$$

对式（5.4）微分，得到其变分形式为

$$\boldsymbol{\Phi}_q \delta \boldsymbol{q} = \boldsymbol{0} \qquad (5.22)$$

整理式（5.21）和式（5.22），得到动力学方程的拉格朗日乘子形式为

$$M\ddot{q} + \Phi_q^T\lambda = Q^A \tag{5.23}$$

上式必须满足式(5.4)、式(5.6)和式(5.8),以上三式和式(5.23)共同组成机械系统完整的运动方程。整理,得到矩阵形式为

$$\begin{bmatrix} M & \Phi_q^T \\ \Phi_q & 0 \end{bmatrix} \begin{bmatrix} \ddot{q} \\ \lambda \end{bmatrix} = \begin{bmatrix} Q^A \\ \eta \end{bmatrix} \tag{5.24}$$

5.2　采煤机整机受力分析

1. 整机力学建模

忽略煤层俯仰角度,在煤层仅具有一定倾角的工况下,建立图5.1所示整机力学模型,以采煤机重心 O 为原点,建立图中所示坐标系 $O-xyz$: x 轴垂直煤壁,指向采空区, y 轴与采煤机前进方向相同, z 轴垂直底板,指向上方。由整机力和力矩平衡条件,有

$$\begin{cases} \sum F_x = 0, & \sum F_y = 0, & \sum F_z = 0 \\ \sum M_{Ox} = 0, & \sum M_{Oy} = 0, & \sum M_{Oz} = 0 \end{cases} \tag{5.25}$$

列上述条件的平衡方程,有

$$\begin{cases} F_{N_5} - F_{N_6} + F_{X_1} + F_{X_2} = 0 \\ (\mid F_{N_1} \mid + \mid F_{N_2} \mid + \mid F_{N_3} \mid + \mid F_{N_4} \mid + \mid F_{N_5} \mid + \mid F_{N_6} \mid)f + \\ \quad F_{Y_1} + F_{Y_2} + G\sin\alpha_c - 2Q_y = 0 \\ F_{Z_1} - F_{Z_2} + 2Q_z - G\sin\alpha + F_{N_1} + F_{N_2} + F_{N_3} + F_{N_4} = 0 \end{cases} \tag{5.26}$$

$$f(\mid F_{N_2} \mid - \mid F_{N_1} \mid)(h_0 + h_2) + (F_{N_2} - F_{N_1} + F_{N_3} - F_{N_4})\frac{l_0}{2} -$$

$$\left(F_{N_5} + F_{N_6} + F_{N_3} + F_{N_4} + \frac{2Q_y}{f}\right)h_0 +$$

$$F_{Z_1}\left(l\cos\varphi_1 + l_1 + \frac{l_0}{2}\right) + F_{Z_2}\left(l\cos\varphi_2 + l_1 + \frac{l_0}{2}\right) +$$

$$F_{Y_1}(l\sin\varphi_1 + h_1 - h_0) - F_{Y_2}(l\sin\varphi_2 - h_1 + h_0) +$$

$$F_{X_1}(l\sin\varphi_1 + h_1 - h_0) - F_{X_2}(l\sin\varphi_2 - h_1 + h_0) + (F_{Z_1} + F_{Z_2})(b_1 + b_0) -$$

$$2Q_z b_2 + (F_{N_2} + F_{N_1})b_1 - (F_{N_4} + F_{N_3})b_2 + (F_{N_6} + F_{N_5})h_0 +$$

$$(F_{Y_1} - F_{Y_2})(b_1 + b_0) + 2Q_y b_2 - F_{Z_1}\left(l\cos\varphi_1 + l_1 + \frac{l_0}{2}\right) +$$

$$F_{Z_2}\left(l\cos\varphi_2+l_1+\frac{l_0}{2}\right)+$$

$$f(|F_{N_2}|+|F_{N_1}|)b_1-f(|F_{N_4}|+|F_{N_3}|)b_2-$$

$$f(|F_{N_6}|+|F_{N_5}|)(b_2+b_3)-(F_{N_6}+F_{N_5})\frac{l_0}{2}=0 \tag{5.27}$$

式中，F_{N_1}、F_{N_2} 为后、前支撑滑靴受力，kN；F_{N_3}、F_{N_4} 为后、前导向滑靴支撑力，kN；F_{N_5}、F_{N_6} 为后、前导向滑靴侧力，kN；F_{X_1}、F_{X_2} 为滚筒轴向力，kN；F_{Z_1}、F_{Z_2} 为后、前滚筒截割阻力，kN；F_{Y_1}、F_{Y_2} 为后、前滚筒牵引阻力，kN；Q_y、Q_z 为水平和垂直牵引力，kN，$Q_z=Q_y\tan\gamma$；γ 为行走轮与销齿啮合角，kN；G 为整机质量，t；f 为滑靴与输送机之间动摩擦因数；l_i、b_i、h_i 为各力作用点位置，mm；α_c 为煤层倾角，rad；φ_1、φ_2 为滚筒位置角，rad。

为了便于力的求解，将式(5.26)、式(5.27)写成矩阵形式，有

$$\begin{bmatrix} 0 & 0 & 0 & 0 & 1 & -1 \\ 1 & 1 & 1 & 1 & 1 & 1 \\ 1 & 1 & 1 & 1 & 0 & 0 \\ \dfrac{f(h_0+h_2)-l_0}{2} & \dfrac{f(h_0+h_2)+l_0}{2} & \dfrac{fh_0+l_0}{2} & \dfrac{fh_0+l_0}{2} & fh_0 & fh_0 \\ b_1 & b_1 & b_2 & -b_2 & -h_0 & h_0 \\ -b_1 & -b_1 & b_2 & b_2 & \dfrac{(b_2+b_3)+l_0}{2f} & \dfrac{(b_2-b_3)+l_0}{2f} \end{bmatrix}$$

$$\begin{bmatrix} F_{N_1} \\ F_{N_2} \\ F_{N_3} \\ F_{N_4} \\ F_{N_5} \\ F_{N_6} \end{bmatrix} = \begin{bmatrix} F_1 \\ F_2 \\ F_3 \\ F_4 \\ F_5 \\ F_6 \end{bmatrix} \tag{5.28}$$

其中

$$-(F_{N_5}-F_{N_6})=F_1$$

$$-(F_{Y_1}+F_{Y_2}+G\sin\alpha_c-2Q_y)=F_2$$

$$-(F_{Z_1}-F_{Z_2}+2Q_z-G\sin\alpha_c)=F_3$$

$$-\left(F_{Z_1}\left(l\cos\varphi_1+l_1+\frac{l_0}{2}\right)+F_{Z_2}\left(l\cos\varphi_2+l_1+\frac{l_0}{2}\right)+\right.$$

$$F_{Y_1}(l\sin\varphi_1 + h_1 - h_0) - F_{Y_2}(l\sin\varphi_2 - h_1 + h_0) + 2Q_y h_0) = F_4$$

$$-(F_{X_1}(l\sin\varphi_1 + h_1 - h_0) - F_{X_2}(l\sin\varphi_2 - h_1 + h_0) +$$

$$(F_{Z_1} + F_{Z_2})(b_0 + b_1) - 2Q_z b_2) = F_5$$

$$-\begin{vmatrix}(F_{Y_1} - F_{Y_2})(b_0 + b_1) + 2Q_y b_2 - F_{Z_1}\left(l\cos\varphi_1 + l_1 + \dfrac{l_0}{2} + l_e\right) + \\ F_{Z_2}\left(l\cos\varphi_2 + l_1 + \dfrac{l_0}{2} + l_e\right)\end{vmatrix} = F_6$$

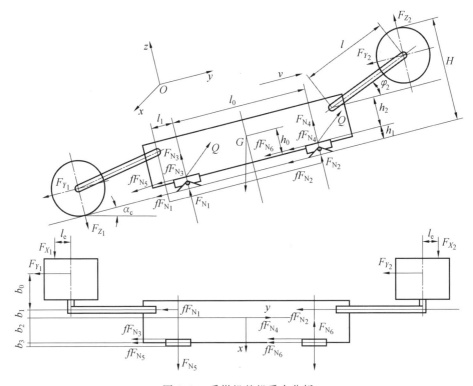

图 5.1　采煤机整机受力分析

2. 改进的双逐次投影法

式(5.26)、式(5.27)中，各导向滑靴受力为未知量，其余力均为已知量。现以某采煤机为例，其基本性能参数和结构参数见表 5.1、表 5.2。

表 5.1　采煤机基本性能参数

参数	整机质量 /t	截割功率 P/kW	滚筒转速 n/(r·min^{-1})	滚筒截深 /m
值	150	2 500	40.8	0.865
参数	滚筒直径 D_c/m	截齿楔入角 /(°)	行走机构啮合角 /(°)	煤层倾角 α/(°)
值	3.2	45	16	12
参数	采高 /m	动摩擦因数 f	额定牵引力 /kN	—
值	6.2	0.18	1 500	—

表 5.2　采煤机结构参数

参数	h_0/mm	h_1/mm	h_2/mm	l_0/mm	l_1/mm	b_0/mm	b_1/mm	b_2/mm	b_3/mm	l_e/mm	φ_1/(°)	φ_2/(°)
值	1 200	1 270	560	7 300	930	1 000	600	1 170	170	1 250	53	17

经计算,该方程组系数矩阵为奇异阵,且方程之间不相容,属于不相容奇异线性方程组,方程组无精确解。

双逐次投影法通过构建约束空间 λ 和搜寻空间 Ω 选取初始解,以及线性无关的向量 $\boldsymbol{v}_1$、$\boldsymbol{v}_2$,使得 $\Omega = \lambda = \mathrm{span}\{\boldsymbol{v}_1, \boldsymbol{v}_2\}$。设 x 为方程组 $\boldsymbol{A}x = \boldsymbol{b}$ 近似解,$\boldsymbol{x}$ 属于仿射空间 $x_0 + \Omega$,残向量 $\boldsymbol{b} - \boldsymbol{A}x$ 与 λ 正交,满足

$$\boldsymbol{x} \in x_0 + \Omega, \quad \boldsymbol{b} - \boldsymbol{A}x \perp \lambda \tag{5.29}$$

采用双逐次投影法对方程组进行迭代,为了提高其计算精度,将迭代格式改进为

$$\boldsymbol{x}_{k+1} = \boldsymbol{x}_k + \delta \boldsymbol{v}_1 + \eta \boldsymbol{v}_2 \tag{5.30}$$

式中,δ、η 为常数。

定义内积和二范数为

$$\langle \boldsymbol{x}, \boldsymbol{y} \rangle_A = \langle \boldsymbol{A}x, \boldsymbol{y} \rangle = \boldsymbol{y}^\top \boldsymbol{A}x \quad (\forall \boldsymbol{x}, \boldsymbol{y} \in \mathbf{R}^n) \tag{5.31}$$

$$\|\boldsymbol{x}\|_A^2 = \langle \boldsymbol{A}x, \boldsymbol{x} \rangle = \boldsymbol{x}^\top \boldsymbol{A}x \tag{5.32}$$

令 $\langle \boldsymbol{A}\boldsymbol{v}_1, \boldsymbol{v}_1 \rangle = a$,$\langle \boldsymbol{A}\boldsymbol{v}_1, \boldsymbol{v}_2 \rangle = \langle \boldsymbol{A}\boldsymbol{v}_2, \boldsymbol{v}_1 \rangle = c$,$\langle \boldsymbol{A}\boldsymbol{v}_2, \boldsymbol{v}_2 \rangle = d$,$\langle \boldsymbol{A}\boldsymbol{x}_k - \boldsymbol{b}, \boldsymbol{v}_1 \rangle = p_1$,$\langle \boldsymbol{A}\boldsymbol{x}_k - \boldsymbol{b}, \boldsymbol{v}_2 \rangle = p_2$。

由式(5.29)知,矩阵 $\boldsymbol{A}$ 半正定,则有

$$a \geqslant 0, \quad d \geqslant 0$$

寻找 x_{k+1}，使得 $x_{k+1} \in x_k + \Omega, b - A x_{k+1} \perp \lambda$，即

$$\begin{cases} \langle b - A_{k+1}, v_1 \rangle = 0 \\ \langle b - A_{k+1}, v_2 \rangle = 0 \end{cases} \tag{5.33}$$

即

$$\begin{cases} \langle b - A x_k - \delta A v_1 - \eta A v_1, v_1 \rangle = 0 \\ \langle b - A x_k - \delta A v_1 - \eta A v_1, v_2 \rangle = 0 \end{cases} \tag{5.34}$$

整理上式，即

$$\begin{cases} - p_1 - a\delta - c\eta = 0 \\ - p_2 - a\delta - d\eta = 0 \end{cases} \tag{5.35}$$

奇异不相容显性方程组 $Ax = b$ 的解等价于求如下极小化问题的解

$$f(x) = \frac{1}{2}\langle Ax, x \rangle - \langle b, x \rangle \to \infty \tag{5.36}$$

由内积定义，可知

$$\begin{aligned} &\| x_{k+1} - x_* \|_A - \| x_k - x_* \|_A \\ &= \langle A x_{k+1} - A x_*, x_{k+1} - x_* \rangle - \langle A x_k - A x_*, x_k - x_* \rangle \\ &= \langle A x_{k+1}, x_{k+1} \rangle - 2\langle b, x_{k+1} \rangle - (\langle A x_k, x_k \rangle - 2\langle b, x_k \rangle) \\ &= 2f(x_{k+1}) - 2f(x_k) \end{aligned} \tag{5.37}$$

式中，x_* 为方程组的某个精确解。

当 $2f(x_{k+1}) - 2f(x_k) < 0$ 时，迭代式收敛。

由式(5.30)及式(5.36)知

$$f(x_{k+1}) = f(x_k + \delta v_1 + \eta v_2) \tag{5.38}$$

又

$$\begin{aligned} f(x_k + \delta v_1 + \eta v_2) = &f(x_k) + \delta\langle A x_k - b, v_1 \rangle + \eta\langle A x_k - b, v_2 \rangle + \\ &\frac{1}{2}\delta^2\langle A v_1, v_1 \rangle \end{aligned} \tag{5.39}$$

整理以上两式，得

$$f(x_{k+1}) - f(x_k) = p_1\delta + p_2\eta + \frac{1}{2}a\delta^2 + c\delta\eta + \frac{1}{2}d\eta^2 \tag{5.40}$$

将上式记为 $g(\delta, \eta)$，若使得式(5.40)取得最小值，需满足

$$\begin{cases} \dfrac{\partial g(\delta, \eta)}{\partial \delta} = p_1 + a\delta + c\eta = 0 \\ \dfrac{\partial g(\delta, \eta)}{\partial \eta} = p_2 + c\delta + d\eta = 0 \end{cases} \tag{5.41}$$

向量 v_1、v_2 的选取决定迭代方程(5.30)的收敛性及收敛速度，对求解方程组

非常重要。由于 $c=0$ 时,不易保证迭代的收敛性,因此,假定 $c \neq 0$。

3. 解算结果及分析

将表 5.1、表 5.2 中数据代入方程组,使用双逐次投影法进行求解,得到煤层倾角 0° 及 12° 时各导向滑靴受力见表 5.3、表 5.4。

表 5.3　煤层倾角为 0° 时各导向滑靴受力　　　　　　　kN

F_{N_1}	F_{N_2}	F_{N_3}	F_{N_4}	F_{N_5}	F_{N_6}
127	754	68	500	-62	98

表 5.4　煤层倾角为 12° 时各导向滑靴受力　　　　　　kN

F_{N_1}	F_{N_2}	F_{N_3}	F_{N_4}	F_{N_5}	F_{N_6}
274	762	94	598	120	283

根据表 5.3、表 5.4 中数据绘制煤层倾角与各滑靴受力关系曲线,如图 5.2 所示。

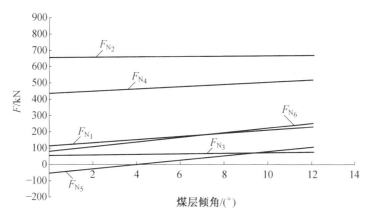

图 5.2　煤层倾角与各滑靴受力关系曲线

由于各滑靴受力与煤层倾角及俯仰角呈一定比例关系,当煤层倾角增大时,各滑靴所受力在数值上与煤层倾角成正比。观察各滑靴受力曲线可知,在研究范围内,随着煤层倾角的增大,各滑靴受力呈增大趋势,煤层倾角越大,滑靴受力状态越差,后导向滑靴比较特殊,其侧向力的方向随着煤层倾角的改变在发生变化,当煤层倾角小于 4° 时,其受力方向与另外三个滑靴方向相反,当煤层倾角大于 4° 时,由于滚筒轴向力的作用,采煤机整机受到倾覆力矩,有翻转的趋势,导致四个滑靴受力同向。该结论与煤层倾角较大时,牵引部及行走机构更容易发生各种故障的实际状况相符。

5.3　牵引负载与滚筒负载关联模型

大功率采煤机行走机构一般为摆线轮与销齿啮合,且煤层往往具有一定倾角,因此,采煤机牵引力方向与行走速度方向存在一定夹角,将采煤机的牵引力分解为沿行走方向的牵引力与垂直于行走方向的牵引力,沿着牵引速度方向的分量属于有效牵引力。因此,实际工作中,采煤机牵引机构并不时刻在额定牵引力下工作。采煤机的牵引力计算较为复杂,理论上,采煤机牵引移动必须克服滚筒所受牵引阻力及牵引系统水平方向的所有外力,考虑整机存在的振动及其他不确定工况,取 1.25 倍的安全系数,根据上节整机受力分析,有

$$Q_y = 1.25(F_{Y_1} + F_{Y_2} + f(G\cos \alpha - F_{Z_1} + F_{Z_2} + F_{X_1} + F_{X_2}) \pm G\sin \alpha)$$

$$(5.42)$$

采煤机工作时,后滚筒截割厚度小于前滚筒,其截割载荷可按照 80% 前滚筒截割载荷来计算。为得到更为准确的动力学分析结果,考虑滚筒的真实截割载荷,将截割载荷测试数据及重构曲线作为已知条件,假设煤层倾角为 10°,采煤机整机质量约 150 t,截齿楔入角为 45°,取牵引阻力系数 $K_q = 0.6$,摩擦因数 $f = 0.18$,得到牵引负载曲线如图 5.3 所示,为了简化牵引负载的表达式,可以将牵引负载曲线采用分段函数进行表示,该函数分为 20 段。

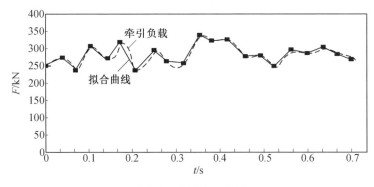

图 5.3　牵引负载曲线

5.4　扭振特性分析

1. 扭振系统力学模型

在传统轴系动力学模型中,使用的往往是将轴系分成很多质量块的集中质量模型,这种模型存在一定的局限性,只有在轮盘转动惯量远远大于轴自身转动惯量时才具有较高精度。采煤机牵引系统中,轴的转动惯量往往较大,与传统的集中质量模型并不完全适应,因此,有必要将轴的分布质量计入整个扭振系统,提高扭振分析的准确性。建立采煤机扭振力学模型和数学模型时假设:相啮合的两齿轮中心距不变,只做扭转运动;齿轮为理想刚性体;忽略轴承和轴的弹性变形;忽略轮齿间的摩擦力,得到图 5.4 所示扭振系统力学模型。

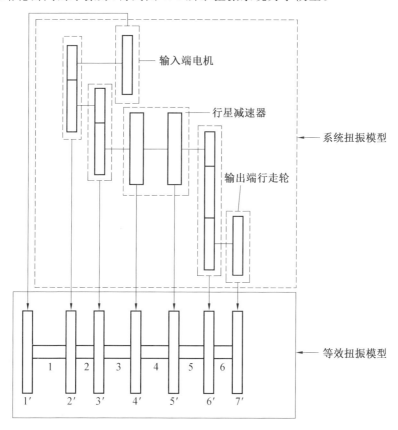

图 5.4　采煤机牵引部传动系统扭振模型

2. 扭振系统等效扭振模型

(1) 动力学等效原则。

假设齿轮为理想刚性体,相啮合的齿轮可用一个集中质量代替,按照能量守恒的原则,将输入端电机作为等效构件,将图 5.4 所示扭振模型转化为一等效扭振系统。不考虑轴的弯曲变形及轴的质量,以某型号采煤机为例,转化后,各轴转速及轴段长度见表 5.5。

表 5.5   等效扭振系统各轴转速

第 i 轴转速 n_i/(r · min^{-1})	n_1	n_2	n_3	n_4	n_5	n_6
	1 470	474.9	224.6	42.4	9	12.6
第 i 轴的长度 L_i/mm	L_1	L_2	L_3	L_4	L_5	L_6
	110	80	203.5	209.5	488	150

(2) 转动惯量的等效换算。

① 行星减速器的转动惯量。

研究表明,当行星轮系中只存在轮齿等大刚度元件时,采用单惯量方法是可行的。利用动能不变原则,将行星轮系等效为一惯性圆盘。该行星减速器为二级行星减速机构,一级传动有 3 个太阳轮,二级传动有 4 个太阳轮,将行星轮转动惯量等效到输出端行星架上,有

$$\frac{1}{2}J\omega^2 = \frac{1}{2}J_{太}\omega_{太}{}^2 + \frac{n}{2}J_{行}\omega_{行}{}^2 + \frac{n}{2}m_{行}(d\omega)^2 \tag{5.43}$$

式中,ω、$\omega_{太}$、$\omega_{行}$ 为行星架、太阳轮、行星轮角速度,r/min;J、$J_{太}$、$J_{行}$ 为行星架、太阳轮、行星轮转动惯量,kg · m^2;d 为行星轮直径,mm;n 为行星轮个数。

经计算,两级行星减速机构的等效转动惯量依次为 86.34 kg · m^2 和 362.35 kg · m^2。

② 齿轮机构的转动惯量。

依据等效前后系统总动能守恒的原则,将相互啮合的齿轮转化为一个惯性圆盘,再将第 i 轴线上的惯性圆盘的转动惯量 J'_i 转换到输出轴线上,则等效到输出轴的转动惯量 J_i 为

$$J_i = \frac{J'_i}{i_{i0}^2} \tag{5.44}$$

式中,i_{i0} 为第 i 轴与输出轴的传动比。

求解得到采煤机牵引部等效扭振系统各齿轮转动惯量见表 5.6。

表 5.6　相互啮合各齿轮机构等效到输出轴的转动惯量　　　　　　kg·m²

转动惯量	J_1	J_2	J_3	J_4	J_5	J_6	J_7
	0.189	0.021	0.207	3.55	184.82	888.34	178.26

注:表中 J_i 为等效系统中齿轮 Z'_i 的转动惯量。

(3)刚度由一轴向另一轴的折算。

图 5.5 所示为串联齿轮传动系统及其等效系统。设从动轴 Ⅱ 与主动轴 Ⅰ 传动比为 i,则有

$$i = -\frac{z_2}{z'_2} = \frac{\theta_2}{\theta'_2} \tag{5.45}$$

式中,z_2、z'_2 为相啮合的从动轮和主动轮齿数;θ_2、θ'_2 为相对应的转角。

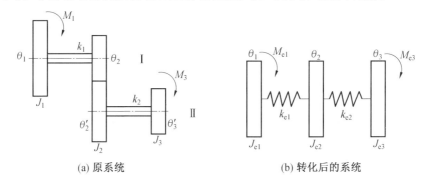

(a) 原系统　　　　　　　　　　(b) 转化后的系统

图 5.5　串联齿轮传动系统及其等效系统

以轴 Ⅰ 为等效构件,将转角 θ_2、θ'_2 及角速度 $\dot\theta_2$、$\dot\theta'_2$ 转化到轴 Ⅰ 上,有

$$\begin{cases} \theta_2 = \theta'_2/i, & \dot\theta_2 = \dot\theta'_2/i \\ \theta_3 = \theta'_3/i, & \dot\theta_3 = \dot\theta'_3/i \end{cases} \tag{5.46}$$

由等效转动惯量、等效刚度和等效力矩的概念,得到图 5.5(b) 所示等效系统,各等效转动惯量和等效力矩分别为

$$\begin{cases} J_{e1} = J_1 \\ J_{e2} = J_2 + J'_2 \\ J_{e3} = J_3 i^2 \end{cases} \tag{5.47}$$

$$\begin{cases} M_{e1} = M_1 \\ M_{e3} = M_3 i \end{cases} \tag{5.48}$$

等效刚度按照等效弹簧势能与原系统轴的势能相等的原则确定,设轴 Ⅱ 折算到轴 Ⅰ 上的等效刚度为 k_{e2},则有

$$\frac{1}{2} k_2 \left(\theta'_3 - \theta'_2 \right)^2 = \frac{1}{2} k_{e2} \left(\theta_3 - \theta_2 \right)^2 \tag{5.49}$$

将式(5.46)代入上式,得

$$k_{e2} = k_2 i^2 \tag{5.50}$$

（4）变截面轴的等效扭转刚度。

采煤机牵引传动系统中,轴的结构都较为复杂。多为阶梯轴、花键轴或带有键槽的轴,不同结构截面处轴的极惯性矩不同,用通常求轴系扭转刚度的常规方法并不准确。采用有限差分法,对圣维南扭转应力函数求解,得到带有键槽的轴和花键轴的扭转刚度 k 为

$$k = G K D^4 / 8l \tag{5.51}$$

式中, G 为剪切弹性模量,GPa; K 为力矩系数; D 为轴的直径,mm。

在计算具有上述结构轴的扭转刚度时,首先把轴分解成为串联或并联的单元轴,并联单元轴的扭转刚度 k_b 和串联单元轴的扭转刚度 k_c 可表示为

$$k_b = \sum_{i=1}^{n} k_i \tag{5.52}$$

$$k_c = \sum_{i=1}^{n} \frac{1}{k_i} \tag{5.53}$$

将这些单元轴的扭转刚度复合起来,就可以求出变截面轴的等效扭转刚度。求解得到等效扭振系统各轴扭转刚度,见表 5.7。

表 5.7　各轴扭转刚度　　　　　　　　　　　　　kN·m

第 i 轴的扭转刚度 k_i	k_1	k_2	k_3	k_4	k_5	k_6
	880.2	2 303.7	1 237	3 432	7 652	11 702

3. 扭振系统数学模型

（1）扭振系统单元传递矩阵。

将图 5.5 所示等效扭振系统中第 i 段轴和第 i 个圆盘独立出来,如图 5.6 所示。

可用力矩和转角表示每个节点处的运动与受力状态,这些量称为状态变量,左侧变量用上标"L"表示,右侧变量用上标"R"表示。

对于第 i 个圆盘,左右两端作用扭矩分别为 M_i^L、M_i^R,根据欧拉公式,有

$$J \ddot{\boldsymbol{\theta}} = M_i^R - M_i^L \tag{5.54}$$

假设采煤机牵引扭振系统做简谐振动,有

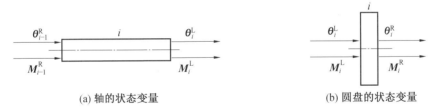

(a) 轴的状态变量　　　　　　　　　　　　　(b) 圆盘的状态变量

图 5.6　圆盘和轴的状态变量

$$\ddot{\boldsymbol{\theta}}_i = -\omega^2 \boldsymbol{\theta}_i \tag{5.55}$$

式中，ω 为采煤机牵引扭振系统简谐振动频率，Hz。

将上式代入式(5.54)，有

$$J\ddot{\boldsymbol{\theta}} = \boldsymbol{M}_i^{\mathrm{R}} = -J_i \omega^2 \boldsymbol{\theta}_i + \boldsymbol{M}_i^{\mathrm{L}} \tag{5.56}$$

由于圆盘单元两侧无弹性变形，即两端节点处转角相等，即

$$\boldsymbol{\theta}_i^{\mathrm{L}} = \boldsymbol{\theta}_i^{\mathrm{R}} = \boldsymbol{\theta}_i \tag{5.57}$$

以上两式整理为矩阵形式，有

$$\begin{bmatrix} \boldsymbol{\theta} \\ \boldsymbol{M} \end{bmatrix}_i^{\mathrm{R}} = \begin{bmatrix} 1 & 0 \\ -J_i \omega^2 & 1 \end{bmatrix} \begin{bmatrix} \boldsymbol{\theta} \\ \boldsymbol{M} \end{bmatrix}_i^{\mathrm{L}} \tag{5.58}$$

令 $\begin{bmatrix} 1 & 0 \\ -J_i \omega^2 & 1 \end{bmatrix} = \boldsymbol{H}_{J_i}$，$\boldsymbol{H}_{J_i}$ 称为第 i 个圆盘的单元传递矩阵。

由图 5.6 易知，第 i 个轴单元右侧状态变量与第 i 个圆盘单元左侧状态变量相同，第 i 个轴单元左侧状态变量与第 $(i-1)$ 个圆盘单元左侧状态变量相同，忽略轴的惯性，轴单元两边扭矩相等，有

$$\boldsymbol{M}_i^{\mathrm{L}} = \boldsymbol{M}_{i-1}^{\mathrm{R}} \tag{5.59}$$

轴单元两侧扭转变形量为

$$\boldsymbol{\theta}_i^{\mathrm{L}} - \boldsymbol{\theta}_{i-1}^{\mathrm{R}} = \frac{1}{k_i} \boldsymbol{M}_{i-1}^{\mathrm{R}} \tag{5.60}$$

将以上两式整理为矩阵形式，即

$$\begin{bmatrix} \boldsymbol{\theta} \\ \boldsymbol{M} \end{bmatrix}_i^{\mathrm{L}} = \begin{bmatrix} 1 & 1/k_i \\ 0 & 1 \end{bmatrix} \begin{bmatrix} \boldsymbol{\theta} \\ \boldsymbol{M} \end{bmatrix}_{i-1}^{\mathrm{R}} \tag{5.61}$$

令 $\begin{bmatrix} 1 & 1/k_i \\ 0 & 1 \end{bmatrix} = \boldsymbol{H}_{k_i}$，$\boldsymbol{H}_{k_i}$ 称为第 i 段轴的单元传递矩阵。

（2）采煤机牵引部扭振系统集中质量数学模型。

集中质量模型一般不计主轴的质量，将轴段质量对称集中到轴两端与之相连的齿轮上，将轴简化为无质量的扭簧，将齿轮简化为具有一定转动惯量的圆

盘。这样,一个采煤机牵引部传动系统可以近似用等效的离散系统来替代,其离散系统如图5.7所示。扭振系统内任一截面位置包含两个变量:扭转角 $\boldsymbol{\theta}$ 和扭矩 $\boldsymbol{T}$ 。

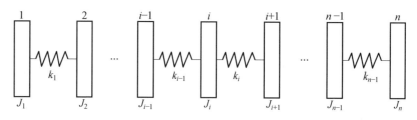

图 5.7　集中质量模型下的离散系统

第 i 段与第$(i-1)$段同侧两端的状态向量由第 i 段的传递矩阵联系起来,即

$$\begin{bmatrix} \boldsymbol{\theta} \\ \boldsymbol{M} \end{bmatrix}_i^{\mathrm{L}} = \boldsymbol{H}_{J_i} \boldsymbol{H}_{k_i} \begin{bmatrix} \boldsymbol{\theta} \\ \boldsymbol{M} \end{bmatrix}_{i-1}^{\mathrm{R}} \tag{5.62}$$

令 $\boldsymbol{H}_{J_i} \boldsymbol{H}_{k_i} = \boldsymbol{H}_i$,则集中质量模型下,系统总传递矩阵为

$$\boldsymbol{H} = \left[\prod_{i=1}^{n} \boldsymbol{H}_i \right] \tag{5.63}$$

集中质量模型下扭振数学模型为

$$\begin{bmatrix} \boldsymbol{\theta} \\ \boldsymbol{M} \end{bmatrix}_i^{\mathrm{L}} = \left[\prod_{i=1}^{n} \boldsymbol{H}_i \right] \begin{bmatrix} \boldsymbol{\theta} \\ \boldsymbol{M} \end{bmatrix}_{i-1}^{\mathrm{R}} \tag{5.64}$$

(3) 扭振系统分布质量数学模型。

分布质量扭振模型将齿轮质量集中在其几何中心,简化为一惯性圆盘,将轴看作具有连续质量和刚度的弹簧,并假设其阻尼为 0。以采煤机牵引部扭振系统中的第 i 轴段为分析对象,其总长为 L_i ,如图5.8所示,在位置 l_i 处,取一小段 $\mathrm{d}l_i$ 作为分析对象,由达朗贝尔原理,轴段任意位置扭转角 $\boldsymbol{\Theta}(l_i)$ 的静态方程和动态方程分别为

$$G I_p \frac{\mathrm{d}^2 \boldsymbol{\Theta}(l_i)}{\mathrm{d} l_i^2} = - T_{l_i} \tag{5.65}$$

$$G I_{p_i} \frac{\partial^2 \boldsymbol{\theta}(l_i,t)}{\partial l_i^2} = J_i \frac{\partial^2 \boldsymbol{\theta}(l_i,t)}{\partial t^2} \tag{5.66}$$

整理得

$$G \frac{\partial^2 \boldsymbol{\theta}(l_i,t)}{\partial l_i^2} = \rho \frac{\partial^2 \boldsymbol{\theta}(l_i,t)}{\partial t^2} \tag{5.67}$$

式中, I_{p_i} 为该轴段的极惯性矩,mm^4 ; ρ 为轴段的密度,$\mathrm{kg}/\mathrm{mm}^3$ 。

将轴段分布质量计及扭振系统,原扭振系统中的轴单元传递矩阵将发生变化,用 $\boldsymbol{H}_{L_i}$ 表示轴段分布质量下扭振系统的轴单元传递矩阵,则考虑轴的分布质

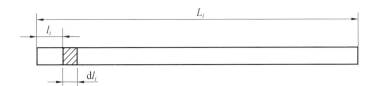

图 5.8　扭振系统轴段分析

量模型下,采煤机牵引扭振系统数学模型为

$$
\begin{bmatrix} \boldsymbol{\theta} \\ \boldsymbol{M} \end{bmatrix}_{L_6} = \left[\prod_{i=1}^{n} \boldsymbol{H}_{J_i} \boldsymbol{H}_{L_i} \right] \begin{bmatrix} \boldsymbol{\theta} \\ \boldsymbol{M} \end{bmatrix}_{L_1} \tag{5.68}
$$

4. 分布质量模型下扭振系统传递矩阵

令式(5.67)的通解为

$$
\boldsymbol{\theta}(l_i, t) = \boldsymbol{\Theta}(l_i) \cos(\omega t + \theta_0) \tag{5.69}
$$

式中,ω 为沿轴向振动的剪切波传播速度,其值为 $\sqrt{G/\rho}$。

将上式代入式(5.65),则轴段任意位置的扭转角为

$$
\boldsymbol{\Theta}(l_i) = c_1 \cos \frac{\omega}{a} l_i + c_2 \sin \frac{\omega}{a} l_i \tag{5.70}
$$

由轴段两端边界条件可知

$$
\begin{cases}
\boldsymbol{\Theta}(0) = c_1 \\
\boldsymbol{\Theta}(L_i) = c_1 \cos \dfrac{\omega}{a} L_i + c_2 \sin \dfrac{\omega}{a} L_i
\end{cases} \tag{5.71}
$$

设轴段 i 左侧扭矩为 $\boldsymbol{M}_{i0}$,右侧扭矩为 $\boldsymbol{M}_L$,由材料力学有

$$
\frac{\mathrm{d}\boldsymbol{\Theta}(l_i)}{\mathrm{d}l_i} = \frac{\boldsymbol{M}_{i0}}{G I_p} \tag{5.72}
$$

$$
\begin{cases}
\dfrac{\mathrm{d}\boldsymbol{\Theta}(l_i)}{\mathrm{d}l_i} \bigg|_{l_i=0} = c_1 \dfrac{\omega}{a} = \dfrac{\boldsymbol{M}_{0i}}{G I_p} \\[2mm]
\dfrac{\mathrm{d}\boldsymbol{\Theta}(l_i)}{\mathrm{d}l_i} \bigg|_{l_i=L_i} = c_1 \dfrac{\omega}{a} \cos \dfrac{\omega}{a} L_i + c_2 \dfrac{\omega}{a} \sin \dfrac{\omega}{a} L_i = \dfrac{\boldsymbol{M}(L_i)}{G I_p}
\end{cases} \tag{5.73}
$$

将式(5.71)、式(5.73)代入式(5.70),得 $c_1 = \boldsymbol{\Theta}(0)$,$c_2 = \dfrac{a \boldsymbol{M}_{0i}}{\omega G I_{pi}}$。将 c_1、c_2 代入式(5.71)、式(5.73),整理得

$$
\begin{cases}
\boldsymbol{\Theta}(L_i) = \boldsymbol{\Theta}(L_{i-1}) c \cos \dfrac{\omega}{a} L_i + \dfrac{a \boldsymbol{M}_{0i}}{\omega G I_{p_i}} \sin \dfrac{\omega}{a} L_i \\[2mm]
\boldsymbol{M}(L_i) = \boldsymbol{\Theta}(L_{i-1}) \dfrac{\omega}{a} \sin \dfrac{\omega}{a} L_i G I_{p_i} + \boldsymbol{M}(L_{i-1}) \cos \dfrac{\omega}{a} L_i
\end{cases} \tag{5.74}
$$

将式(5.74)整理为矩阵形式,得该轴段的扭振方程为

$$\begin{bmatrix} \boldsymbol{\Theta} \\ \boldsymbol{M} \end{bmatrix}_{L_i} = \begin{bmatrix} \cos\dfrac{\omega}{a}L_i & \dfrac{a}{\omega GI_{P_i}}\sin\dfrac{\omega}{a}L_i \\ \dfrac{\omega GI_{P_i}}{a}\sin\dfrac{\omega}{a}L_i & \cos\dfrac{\omega}{a}L_i \end{bmatrix} \begin{bmatrix} \boldsymbol{\Theta} \\ \boldsymbol{M} \end{bmatrix}_{L_{i-1}} \tag{5.75}$$

因此，轴段两端的轴单元传递矩阵 $\boldsymbol{H}_{L_i}$ 为

$$\begin{bmatrix} \cos\dfrac{\omega}{a}L_i & \dfrac{a}{\omega GI_{P_i}}\sin\dfrac{\omega}{a}L_i \\ \dfrac{\omega GI_{P_i}}{a}\sin\dfrac{\omega}{a}L_i & \cos\dfrac{\omega}{a}L_i \end{bmatrix} \tag{5.76}$$

将式（5.76）替换 $\boldsymbol{H}_{J_i}$，代入集中质量模型下扭振系统总传递矩阵，即式（5.63），得到轴段分布质量模型下单元传递矩阵为

$$\boldsymbol{H}_{L_i} = \boldsymbol{H}_{J_i}\,\boldsymbol{H}_{L_i} = \begin{bmatrix} 1 & 0 \\ -J_i\omega^2 & 1 \end{bmatrix} \begin{bmatrix} \cos\dfrac{\omega}{a}L_i & \dfrac{a}{\omega GI_{P_i}}\sin\dfrac{\omega}{a}L_i \\ \dfrac{\omega GI_{P_i}}{a}\sin\dfrac{\omega}{a}L_i & \cos\dfrac{\omega}{a}L_i \end{bmatrix} \tag{5.77}$$

扭振系统总传递矩阵为

$$\boldsymbol{H}_L = \prod_{i=1}^{n}\boldsymbol{H}_{J_i}\,\boldsymbol{H}_{L_i} \tag{5.78}$$

5. 扭振系统振动特性

（1）扭振系统固有频率。

由式（5.68）、式（5.75）及式（5.77）可知，采煤机牵引扭振系统振动方程为

$$\begin{bmatrix} \boldsymbol{\Theta} \\ \boldsymbol{M} \end{bmatrix}_{L_6} = \left(\prod_{i=1}^{6} \begin{bmatrix} 1 & 0 \\ -J_i\omega^2 & 1 \end{bmatrix} \begin{bmatrix} \cos\dfrac{\omega}{a}L_i & \dfrac{a}{\omega GI_{P_i}}\sin\dfrac{\omega}{a}L_i \\ \dfrac{\omega GI_{P_i}}{a}\sin\dfrac{\omega}{a}L_i & \cos\dfrac{\omega}{a}L_i \end{bmatrix} \right) \begin{bmatrix} \boldsymbol{\Theta} \\ \boldsymbol{M} \end{bmatrix}_{L_1} \tag{5.79}$$

为了方便求解频率和振型，将 $\boldsymbol{H}_{L_i}$ 中的三角函数在实域展开，由于正弦、余弦函数在实域收敛，将其展开为 ω 的泰勒级数，有

$$\sin\frac{\omega}{a}L_i = \sum_{n=1}^{+\infty}(-1)^{n-1}\frac{1}{(2n-1)!}\left(\frac{\omega}{a}L_i\right)^{2n-1} \quad (n=1,2,\cdots) \tag{5.80}$$

$$\cos\frac{\omega}{a}L_i = \sum_{n=1}^{+\infty}(-1)^{n-1}\frac{1}{(2n-2)!}\left(\frac{\omega}{a}L_i\right)^{2n-2} \quad (n=1,2,\cdots) \tag{5.81}$$

式（5.80）、式（5.81）中，n 值的大小与计算结果的精确性密切相关，其值越大，计算结果越精确，但计算量也随之加大。假设系统一阶模态下固有频率 $\omega=100\ \text{rad/s}$，$L_i=0.5\ \text{m}$，经计算，当 $n=2$ 时，式（5.80）、式（5.81）的相对误差

$e_r(\sin) \leqslant 0.116\,1\%$，$e_r(\cos) \leqslant 0.000\,06\%$。说明当 $n=2$ 时，计算结果已经相当接近理论值了。此时，可简化为

$$\sin \frac{\omega}{a} L_i = \frac{\omega}{a} L_i - \frac{1}{6} \left(\frac{\omega}{a} L_i \right)^3 \tag{5.82}$$

$$\cos \frac{\omega}{a} L_i = 1 - \frac{1}{2} \left(\frac{\omega}{a} L_i \right)^2 \tag{5.83}$$

将以上两式代入式(5.77)中，得到简化后的 $\boldsymbol{H}_{L_i}$，即

$$\boldsymbol{H}_{L_i} = \begin{pmatrix} 1 - \dfrac{\omega^2 L_i^2}{2 a^2} & \dfrac{L_i}{GI_{p_i}} - \dfrac{\omega^2 I_{p_i}}{6 a^2 I_{p_i} L_i^3} \\[3mm] \dfrac{\omega^2 GI_{p_i} L_i}{a^2} - \dfrac{\omega^4 GI_{p_i} L_i^3}{6 a^4} - J_i \omega^2 + \dfrac{J_i \omega^4 L_i^2}{2 a^2} & 1 - \dfrac{\omega^2 L_i^2}{2 a^2} - \dfrac{a J_i \omega}{GI_{p_i}} + \dfrac{J_i \omega^4 L_i^3}{6 a^2 GI_{p_i}} \end{pmatrix}$$
$$\tag{5.84}$$

令

$$\boldsymbol{H}_{J_6} \, \boldsymbol{H}_{J_5} \cdots \boldsymbol{H}_{J_0} \, \boldsymbol{H}_{L_6} \, \boldsymbol{H}_{L_5} \cdots \boldsymbol{H}_{L_0} = \begin{bmatrix} f_{11} & f_{12} \\ f_{21} & f_{22} \end{bmatrix} \tag{5.85}$$

由边界条件知，电机轴端扭转角为 0，输出轴端扭矩即为牵引负载扭矩，则有 $f_{22}=0$，求解该式得到系统固有频率值(表5.8)。代入表5.2～5.4中数据计算，采煤机牵引扭振系统固有频率值见表5.8。

表 5.8　分布质量模型下采煤机牵引扭振系统固有频率值　　　　　Hz

固有频率	ω_1	ω_2	ω_3	ω_4	ω_5	ω_6
	8.52	18.49	65.44	349.69	11 236	42 025

(2)扭振系统振动模态。

假设等效扭振系统最左端处扭转角为1，计算得到前两阶固有频率所对应的振幅比，得到一阶主振型和二阶主振型如图5.9所示。

由振型图可知，各轴段扭转变形较为均匀，但由于各轴段等效扭转刚度相差较大，扭振系统中各轴的弹性势能分布并不均匀，用 E_i 表示第 i 段轴的弹性势能，则

$$E_i = \theta_i^2 k_i / 2 \tag{5.86}$$

式中，θ_i 为第 i 段轴右侧的扭转角，rad；k_i 为第 i 段轴的扭转刚度，kN·m。

计算得到两种模态下系统势能基本相当，一阶模态下系统末端扭转振幅较大，且由前面实验结果可知，截割阻力频率主要集中在 $0 \sim 15$ Hz 之间，因此，一阶模态为系统危险模态。一阶模态下各轴段弹性势能在整个系统中的分布如图

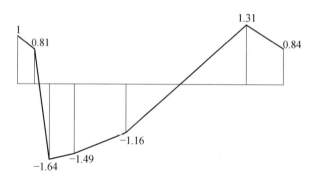

(a) 一阶主振型

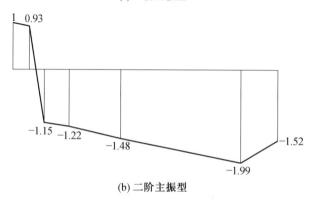

(b) 二阶主振型

图 5.9　一阶主振型和二阶主振型

5.10 所示。由图可知,系统势能分布极不均匀,5、6 轴段的弹性势能较高,对应牵引系统中的行星减速器输出轴和行走轮轴。为使扭振系统具有最佳动态特性,要保证各轴段弹性势能分布尽量均匀。因此,需要对扭振系统中行星减速器输出轴和行走轮轴扭转刚度进行优化。

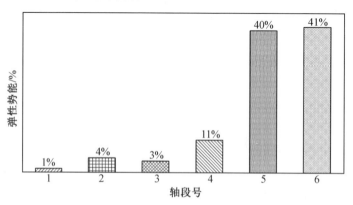

图 5.10　各轴段弹性势能分布直方图

5.5　扭振系统参数优化

1. 优化建模

一般的优化问题可表示为

$$\begin{cases} \min f(x) \\ \text{s. t. } g_i(x) \leqslant 0 \quad (i=1,2,\cdots,m) \\ h_j(x)=0 \qquad (j=m+1,\cdots,p) \end{cases} \tag{5.87}$$

式中, $f(x)$ 、 $g_i(x)$ 、 $h_j(x)$ 为 n 元函数; $f(x)$ 称为目标函数; $g_i(x)$ 称为不等式约束条件; $h_j(x)$ 称为等式约束条件; x 称为设计变量。

以行星减速器输出轴和行走轮轴扭转刚度作为优化参数,设其分别为 k_{5b} 、 k_{6b} ,行星减速器输出轴通过联轴器与行走机构相连,其扭转刚度范围可取得大一些,设其值在 $0.5k_5 \sim 2k_5$,行走轮轴通过内花键与行走轮相连接,其扭转刚度范围不宜过大,设其值在 $0.8k_6 \sim 1.5k_6$ 。设优化后系统各轴段扭转角为 θ_i ,各轴扭转刚度为 k_{ib} ,以系统中各轴段势能均有所降低,且分布最均匀作为优化目标,建立如下目标函数,即

$$\begin{cases} f(x) = \sum_{j=1}^{6} \left(\theta_i^2 k_i - \sum_{j=1}^{6} \dfrac{\theta_i^2 k_i}{6} \right)^2 \\ \text{s. t. } g_i(x) = \theta_i - \varphi_i \leqslant 0 \quad (i=1,2,\cdots,6) \\ h_j(x) = k_j - k_{jb} = 0 \qquad (j=1,2,3,4) \\ k_{5b} = 0.5k_5 \sim 2k_5 \\ k_{6b} = 0.8k_6 \sim 1.5k_6 \end{cases} \tag{5.88}$$

2. 降梯度优化算法及优化结果

降梯度算法是迭代算法中的一种,能够有效解决一般的非线性优化问题。设 $x^u \in \mathbf{R}^n$ 是第 u 轮迭代点,而 $x^{u+1} \in \mathbf{R}^n$ 是第 $(u+1)$ 轮迭代点,记

$$x^{u+1} = x^u + \lambda_u p^u \tag{5.89}$$

式中, $\lambda_u \in \mathbf{R}$ 称为步长; $p^u \in \mathbf{R}^n$ 称为搜索方向。

在 λ_u 和 p^u 确定之后,由 $x^u \in \mathbf{R}^n$ 就可以确定 $x^{u+1} \in \mathbf{R}^n$ 。其迭代流程如图 5.11 所示。

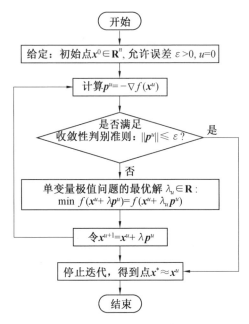

图 5.11　采煤机牵引扭振系统参数优化流程图

优化后，$k_{5b}=0.81k_5$，$k_{6b}=0.74k_6$。优化后各轴段弹性势能分布直方图如图 5.12 所示。

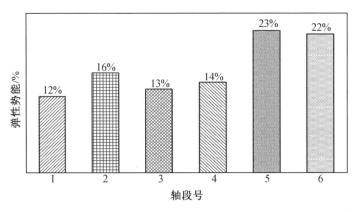

图 5.12　优化后各轴段弹性势能分布直方图

对比图 5.10 与图 5.12，优化结果表明，提高行星轮系输出轴刚度及行走轮轴刚度均有利于提高系统的动态特性，优化后，系统弹性势能不均匀性由 40% 降低到 10%，不但各轴扭转变形有所降低，且各轴段弹性势能分布均匀程度明显提高。

第6章　　行走机构齿销啮合特性研究

　　行走机构是牵引部执行系统,随着采煤机向大功率方向发展,采煤机的行走机构失效问题日趋严重。由于受到采煤机滚筒负载作用,因此采煤机行走机构在工作过程中受到很大程度的偏载,当导向滑靴磨损到一定程度后,导向作用减弱,使得行走轮与齿轨往往不能正确啮合。此时,行走轮轮齿会产生很大冲击,采煤机牵引力只能由另一个牵引部提供,这些都加剧了行走机构及整机的振动,尤其是在两节齿轨连接处,销齿啮合的节距不断变化,使得行走轮与销齿的啮合特性呈现出更为复杂的动态变化。研究表明,行走机构的动力学特性会引起采煤机行走速度波动及牵引系统的载荷波动,严重影响了采煤机行走和截割过程的稳定性及工作的安全性。因此,有必要对行走机构的动态特性进行更为深入的研究。由于井下条件限制,采煤机正常工况下各种实验很难进行,因此动力学仿真分析及数值分析法成为研究行走机构动态特性的主要方法。

6.1　　齿销啮合特性理论分析

1. 平面坐标变换理论

　　在确定的坐标系中,任意一点有确定坐标,任意矢量有确定的分量,但在不同坐标系下,同一点的坐标会有所不同,点在不同坐标系中的坐标可以通过系数矩阵进行转换。

　　设两个平面右手坐标系 $\sigma=[O;e_1,e_2]$ 和 $\sigma'=[O';e'_1,e'_2]$,σ 称为原始坐标系,σ' 为原始坐标系 σ 沿原点 O 旋转一定角度得到的新坐标系。新坐标系中的底矢 e_1、e_2 可以看作原始坐标系 σ 中的矢径,由于 e_1、e_2 线性无关,则新坐标系中的底矢 e_1、e_2 在原始坐标系 σ 中表达式可以写为

$$\begin{cases} e'_1 = a_{11}\,e_1 + a_{12}\,e_2 \\ e'_2 = a_{21}\,e_1 + a_{22}\,e_2 \end{cases} \tag{6.1}$$

用矩阵形式可表示为

$$\begin{bmatrix} e'_1 \\ e'_2 \end{bmatrix} = k_\theta \begin{bmatrix} e_1 \\ e_2 \end{bmatrix} \tag{6.2}$$

式中,k_θ 为坐标变换矩阵,$k_\theta = \begin{bmatrix} \cos\theta & -\sin\theta \\ \sin\theta & \cos\theta \end{bmatrix}$。

k_θ 与坐标系旋转角度 θ 有关,规定逆时针旋转为正顺时针旋转为负,式(6.1)可以表示为

$$e = k_\theta e' \tag{6.3}$$

式中,$e = [e_1, e_2]^T$;$e' = [e'_1, e'_2]^T$。

若有第三个坐标系 $\sigma'' = [O'; e''_1, e''_2]$,由 σ' 到 σ'' 的旋转角度为 φ,则由 σ 到 σ'' 的矩阵变换系数可以表示为

$$e = k_\varphi k_\theta e'' \tag{6.4}$$

2. 行走轮和销齿齿廓方程

某型号采煤机行走轮为渐开线齿廓,模数为 46.79 mm,齿数为 11,变位系数为 0,齿根部分采用两段圆弧过渡。平面上一条直线沿固定圆做纯滚动,直线上固定点 P 形成的轨迹称为渐开线,如图 6.1 为渐开线行走轮齿廓生成原理。

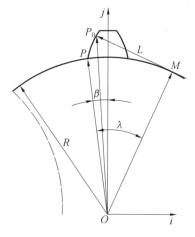

图 6.1　渐开线行走轮齿廓生成原理

直线 L 为渐开线的发生线,点 M 为圆的切点,P_0 为渐开线上一点,由向量间的关系得到 $\overrightarrow{OP_0} = \overrightarrow{OM} + \overrightarrow{MP_0}$,根据渐开线生成原理可知,$|\overrightarrow{OM}| = |R|$,$|\overrightarrow{MP_0}| = |\overrightarrow{MP}| = |R\lambda|$,根据坐标变换原理将向量表达式转化为矩阵形式,渐开线齿廓方程的矩阵形式可以表示为

$$\overrightarrow{OP} = \boldsymbol{K}_{(\lambda-\beta)} \cdot (-R\lambda_i + R_j) \tag{6.5}$$

式中，R 为基圆半径，mm；λ 为展角，rad。

$\boldsymbol{K}_{(\lambda-\beta)}$ 为坐标变换矩阵，在平面二维坐标变换过程中，$\boldsymbol{K}_{(\lambda-\beta)}$ 为两行两列的矩阵，表达式为

$$\boldsymbol{K}_{(\lambda-\beta)} = \begin{bmatrix} \cos(\lambda-\beta) & -\sin(\lambda-\beta) \\ \sin(\lambda-\beta) & \cos(\lambda-\beta) \end{bmatrix} \tag{6.6}$$

渐开线方程矩阵形式展开为参数方程形式，有

$$\begin{cases} x_0 = R\sin(\lambda-\beta) - R\lambda\cos(\lambda-\beta) \\ y_0 = R\cos(\lambda-\beta) + R\lambda\sin(\lambda-\beta) \end{cases} \tag{6.7}$$

目前常用的销排齿廓有 Ⅰ 型、Ⅱ 型和 Ⅲ 型，其中 Ⅰ 型、Ⅱ 型齿廓销排常用于小功率采煤机，Ⅲ 型齿廓销排常用于大功率采煤机。与采煤机配套的刮板输送机为 SGZ1000/1400 型，中部槽单节长度为 1 750 mm，销排单节长度为 875 mm，节距为 147 mm，销齿齿廓为 Ⅲ 型，销齿上部齿廓为半径 66 mm 的圆弧，销齿中间齿廓为 14° 直线段，如图 6.2 所示为某型采煤机配套 Ⅲ 型销齿齿廓。

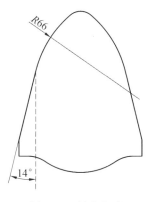

图 6.2　销齿齿廓

3. 齿销啮合特性参数计算

采煤机行走轮为渐开线齿廓，行走轮与销齿直线段啮合时属于共轭啮合，传动比和压力角恒定，与销齿圆弧段啮合时属于非共轭啮合，压力角和传动比时刻变化。渐开线上任意一点 P_0 的切线斜率 K_{P_0} 为

$$K_{P_0} = d_{y_1} / d_{x_1} \tag{6.8}$$

x_1、y_1 均是关于展角 λ 的函数，根据参数方程求导法则进行求导，可得

$$K_{P_0} = \frac{d_{y_1} / d_\lambda}{d_{x_1} / d_\lambda} \tag{6.9}$$

对式(6.5)进行化简后可得,P_0 点切线斜率为

$$K_{P_0} = \frac{1}{\tan(\lambda - \beta)} \tag{6.10}$$

根据齿廓啮合定律,渐开线齿廓和销齿齿廓通过啮合传递运动,需要在啮合点处接触,同时保证在啮合点处相切,由于啮合点处公切线和公法线垂直,可以根据 K_{P_0} 求出公法线的斜率。行走轮 P_0 点法线与 x 轴的夹角 α 为

$$\alpha = \arctan \frac{-1}{K_{P_0}} = -(\lambda - \beta) \tag{6.11}$$

将图 6.2 中行走轮齿廓沿坐标原点 O 逆时针旋转$(\pi - \beta)$弧度,绘出相应点行走轮与销齿的啮合状态,如图 6.3 所示。根据坐标变换理论计算出 P_0 点的坐标为

$$\overrightarrow{OP_0} = \boldsymbol{K}_{(\pi-\beta)} \ \boldsymbol{K}_{(\lambda-\beta)}(-R\lambda_i + R_j) \tag{6.12}$$

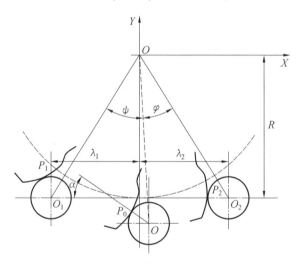

图 6.3　轮齿和销齿啮合示意图

P_0 点坐标在直角坐标系中可以表示为

$$\begin{cases} X_{P_0} = R\lambda \cos \lambda - R\sin \lambda \\ Y_{P_0} = -R\lambda \sin \lambda - R\cos \lambda \end{cases} \tag{6.13}$$

图形旋转$(\pi - \beta)$弧度后 P_0 点齿廓法线与 x 轴夹角 $\alpha = \pi - \lambda$,由三角函数关系可根据 P_0 点坐标计算得到圆柱销中心 O 坐标,O 点坐标为

$$\begin{cases} X_O = X_{P_0} + \dfrac{d}{2} \cdot \cos a = X_{P_0} - \dfrac{d}{2} \cdot \cos \lambda \\ Y_O = Y_{P_0} + \dfrac{d}{2} \cdot \sin a = Y_{P_0} + \dfrac{d}{2} \cdot \sin \lambda \end{cases} \tag{6.14}$$

　　实际情况下，柱销中心在销排节线上利用反转法将行走轮绕中心 O 旋转，将柱销中心分别沿顺时针、逆时针旋转至 O_1、O_2 点，根据勾股定理可以计算出 O_1、O_2 点至 Y 轴的距离，O_1、O_2 点与 y 轴的距离相等，为

$$A = \lambda_1 = \lambda_2 = \sqrt{X_O{}^2 + Y_O{}^2 - R^2} \tag{6.15}$$

　　因此，O_1 点的坐标为

$$(-\sqrt{X_O{}^2 + Y_O{}^2 - R^2}, \; -R) \tag{6.16}$$

O_2 点的坐标为

$$(\sqrt{X_O{}^2 + Y_O{}^2 - R^2}, \; -R) \tag{6.17}$$

　　由三角函数关系可以求解出 OO_1 与 OO 夹角 ψ 和 OO_2 与 OO 夹角 φ 分别为

$$\psi = \arctan \frac{A}{R} - \arctan \frac{X_0}{Y_0}$$
$$\varphi = \arctan \frac{A}{R} + \arctan \frac{X_0}{Y_0} \tag{6.18}$$

　　将 P_0 点逆时针旋转 ψ 至 P_1，根据坐标变换原理可以计算出向量 $\overrightarrow{OP_1}$ 为

$$\overrightarrow{OP_1} = \boldsymbol{K}_{(-\psi)}(X_{P_0} i + Y_{P_0} j) \tag{6.19}$$

展开可得 P_1 点坐标为

$$X_{P_1} = X_{P_0} \cos \psi + Y_{P_0} \sin \psi$$
$$Y_{P_1} = -X_{P_0} \sin \psi + Y_{P_0} \cos \psi \tag{6.20}$$

　　将 P_0 点逆时针旋转 φ 至 P_2，根据坐标变换原理可以计算出向量 $\overrightarrow{OP_2}$ 为

$$\overrightarrow{OP_2} = \boldsymbol{K}_{(\varphi)}(X_{P_0} i + Y_{P_0} j) \tag{6.21}$$

展开可得 P_2 点坐标为

$$X_{P_2} = X_{P_0} \cos \varphi - Y_{P_0} \sin \varphi$$
$$Y_{P_2} = X_{P_0} \sin \varphi + Y_{P_0} \cos \varphi \tag{6.22}$$

整理可得 P_1 点压力角 δ_1 为

$$\delta_1 = \frac{X_{P_0} \cos \psi + Y_{P_0} \sin \psi + \sqrt{X_O{}^2 + Y_O{}^2 - R^2}}{-X_{P_0} \sin \psi + Y_{P_0} \cos \psi + R} \tag{6.23}$$

P_2 点压力角 δ_2 为

$$\delta_2 = \frac{X_{P_0} \cos \varphi - Y_{P_0} \sin \varphi - \sqrt{X_O{}^2 + Y_O{}^2 - R^2}}{X_{P_0} \sin \varphi + Y_{P_0} \cos \varphi + R} \tag{6.24}$$

　　由式(6.13)和式(6.14)可知，X_{P_0}、Y_{P_0}、X_O 均为变量 λ 的函数，且公式中引用的参数 α、ψ、φ 也均为变量 λ 的函数，因此 P_1、P_2 点的压力角 δ_1、δ_2 也为自变量 λ 的函数。

6.2　典型工况下行走机构齿销啮合特性研究

井下工况恶劣,行走机构受力复杂,一旦发生破坏将直接导致采煤机无法工作。刮板输送机直接铺设在底板上,受底板起伏的影响,刮板输送机相邻中部槽会发生水平和垂直弯曲,导致行走轮与销排啮合时中心距、节距发生变化。本节主要研究变中心距、变节距及变煤层倾角等几种典型工况下行走机构齿销啮合力幅值和啮合力波动率特性,通过正交实验法分析影响行走机构齿销啮合力幅值和啮合力波动率的主要因素,为优化行走机构设计提供参考。

由于煤层自身分布及开采工艺等原因,给刮板输送机的铺设带来很多要求,为适应煤层起伏和刮板输送机推溜,相邻两节中部槽需要能够在垂直方向弯曲±3°,水平方向弯曲±1°,过渡处水平和垂直弯曲会导致销排过渡处节距发生变化。行走轮与销排啮合中心距受导向滑靴的影响,随着导向滑靴的磨损齿销啮合中心距会发生改变,此外,在采煤过程中经常面临导向滑靴突然抬起或下压的工况,引起啮合中心距发生突变。煤层分布往往存在一定量的煤层倾角,由于采煤机自身质量较大,采煤机行走机构在克服截割煤岩带来的牵引阻力的同时还需要克服自身重力分量带来的阻力,存在煤层倾角时,采煤机牵引阻力显著增大。

1. 变中心距分析

行走轮通过与销排啮合传递运动带动采煤机行走,行走轮与销排啮合中心距受到导向滑靴的影响,如图 6.4 所示为导向滑靴和销排的配合关系图。

导向滑靴下端面与销排上表面接触,承受部分采煤机重力和来自前后滚筒的截割阻力。实际工况下,采煤机行走机构齿销啮合中心距可能会发生变化,根据某型号采煤机设计标准,导向滑靴耐磨层厚度为 4 mm,由于导向滑靴与销排接触面之间缺乏润滑,在运行过程中接触面会发生磨损,使得齿销啮合中心距减小。为防止导向滑靴卡死,导向滑靴弯钩处留有 8 mm 空挡,当采煤机出现一端抬起或下压工况时,导向滑靴弯钩与销轨下端面的配合间隙会消除,使得齿销啮合中心距变大。

通过分析可知,某型号采煤机行走机构齿销啮合中心距最大能够在 16 mm 范围内变化,最小齿销啮合中心距为 249 mm,最大齿销啮合中心距为265 mm。分别对行走机构在两种极限工况下及中心距突变时的啮合特性进行分析。

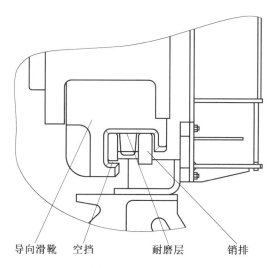

导向滑靴　　空挡　　　　耐磨层　　　销排

图 6.4　导向滑靴和销排的配合关系图

2. 变节距分析

由于煤层自身分布及开采工艺等原因,对刮板输送机的铺设带来很多要求,为方便铺设,整条刮板输送机由单节中部槽串联组成,单节中部槽长度为1.5 m。为适应煤层起伏及推溜移架等工况,两节中部槽之间通过哑铃销活动连接,每节中部槽上安装有两个元宝座,元宝座结构示意图如图6.5所示,销排安装在中部槽上的元宝座中,元宝座腰型孔有一定的活动量,由此导致销排过渡处节距发生变化,行走轮、销排、元宝座三者安装关系如图6.6所示。

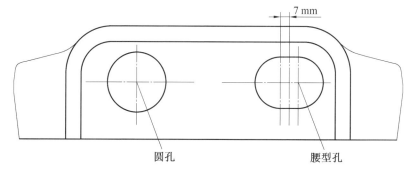

7 mm

圆孔　　　　　　　　　　　　　腰型孔

图 6.5　元宝座结构示意图

根据图6.5和图6.6可知,两节销排过渡处正常节距为147 mm,过渡处节距允许发生 ± 7 mm 的变化,当销排位于腰型孔左端时,过渡处最小节距为140 mm,当销排位于过渡处右端时,过渡处最大节距为154 mm。

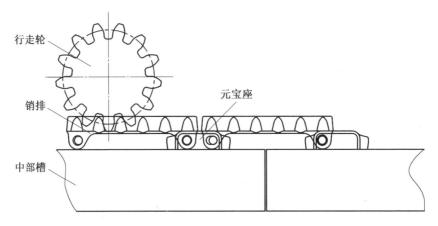

图 6.6   行走轮、销排、元宝座三者安装关系

3.采煤工作面倾角特性分析

由于煤层赋存的原因,煤层通常会与水平面存在一定夹角,按现有划分方式,煤层倾角可分为四种,如图 6.7 所示。与开采水平煤层相比,在开采倾斜煤层时采煤机受到自身重力的影响,会导致牵引阻力增大,煤层倾角越大,牵引阻力也会越大,在开采倾斜煤层时,如果发生行走轮断齿,则容易产生严重事故,因此有必要分析煤层倾角对行走机构齿销啮合特性的影响。

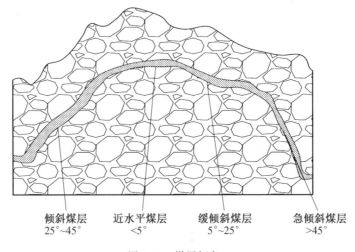

| 倾斜煤层 | 近水平煤层 | 缓倾斜煤层 | 急倾斜煤层 |
| 25°~45° | <5° | 5°~25° | >45° |

图 6.7   煤层倾角

依照某型采煤机设计要求,能够在最大煤层倾角为 10° 的煤层下工作,因此选取 0°、5°、10° 三种煤层倾角进行分析,首先通过牵引阻力计算公式计算出各煤层倾角下的单行走机构牵引阻力,分别对 0°、5°、10° 煤层倾角工况进行动力学分

析,比较不同煤层倾角下齿销啮合力幅值和啮合力波动率,找出煤层倾角对行走机构齿销啮合力幅值和啮合力波动率的影响规律。

6.3　单因素下齿销啮合特性研究

1. 标准工况齿销啮合特性

标准工况下行走轮与销排处于理论啮合状态,啮合中心距 $d = mz/2 = 257.35$ mm,两节销排过渡处节距与销齿节距相等,为 147 mm。在 Adams 中建立标准工况下齿销啮合动力学模型,建立运动副时,为统一相对运动关系,先选取的部件设置为主动件,后选取的部件设置为从动件,为避免驱动方向和阻力方向选取冲突,应先对模型进行试算,检查力和运动的方向是否正确。

根据 5.3 节公式计算得到,正常工况下牵引阻力约为 184 000 N,为避免瞬时加载对系统造成冲击,需要通过 step 函数将牵引阻力缓慢施加在销排质心处,力的方向与运动方向相反,牵引阻力 $F = \text{step}(\text{time}, 0, 0, 0.3, 184000)$,牵引阻力曲线如图 6.8 所示。为避免加速度突然增大,通过 step 函数将驱动转速 $V = \text{step}(\text{time}, 0, 0, 0.3, 8838d)$ 施加在电机输出轴上,驱动转速曲线如图 6.9 所示。

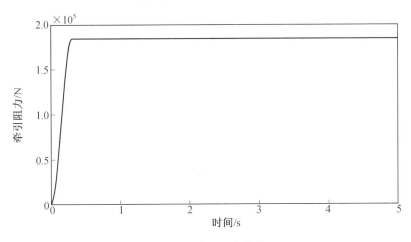

图 6.8　牵引阻力曲线

Adams 中 SI2 积分格式稳定性好,速度、加速度求解精度高,适合求解接触问题,但仿真速度慢。I3 积分格式稳定性差,求解复杂接触问题可能会导致不收敛或求解误差较大,但仿真速度快,相同精度条件求解速度为 SI2 积分格式的 10 倍。为提高仿真精度,采用 SI2 积分格式,仿真步长设置为 0.02 s,仿真时间为 5 s。标准工况下,行走机构齿销啮合力曲线如图 6.10 所示。

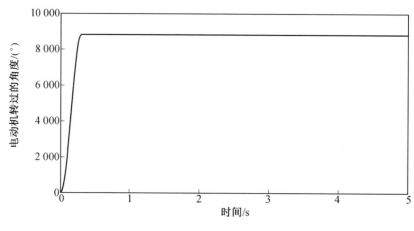

图 6.9 驱动转速曲线

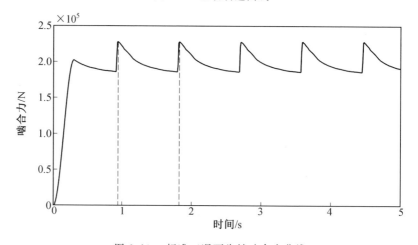

图 6.10 标准工况下齿销啮合力曲线

在 $0 \sim 0.3$ s,随着电机启动齿销啮合力平缓上升,达到稳定阶段后,齿销啮合力呈周期性波动,波动周期与单齿啮合周期一致,约为 0.88 s。行走轮与销齿圆弧段接触时,啮合力达到最大值约为 228 kN,与直线段啮合时啮合力较小,约为 186 kN,原因是行走轮和销齿圆弧段啮合时的压力角大于与直线段啮合时的压力角。行走轮与销齿圆弧段啮合属于非共轭啮合,啮合过程中压力角一直在减小,导致啮合力波动剧烈,行走轮与直线段啮合属于共轭啮合,直线段压力角为定值 14°,此时齿销啮合力几乎不再变化,啮合力较为平稳,波动较小。行走轮与第一齿脱离瞬间与第二齿齿顶圆弧啮合,啮合力瞬间增大,一个完整的啮合周期内,啮合力波动率约为 22.5%。

2. 不同煤层倾角下齿销啮合特性

与水平开采相比,在开采倾斜煤层时,采煤机受到自身重力的影响,导致牵引阻力增大。在开采倾斜煤层时,如果行走轮发生断齿,则会产生严重后果,因此有必要分析煤层倾角对行走机构力学特性的影响。

根据 5.3 节计算得到不同煤层倾角下牵引阻力,当煤层倾角为 0° 时(标准工况),牵引阻力约为 184 000 N,当煤层倾角为 5° 时,单行走部牵引阻力约为 227 000 N,当煤层倾角为 10° 时,单行走部牵引阻力约为 270 000 N。在 Adams 中建立齿销啮合动力学模型,分别通过 step(time,0,0,0.3,184000)、step(time,0,0,0.3,227000)、step(time,0,0,0.3,270000) 进行牵引阻力设定,仿真时间为 5 s,在后处理模块中提取齿销啮合力。不同煤层倾角下齿销啮合力曲线如图 6.11 所示。

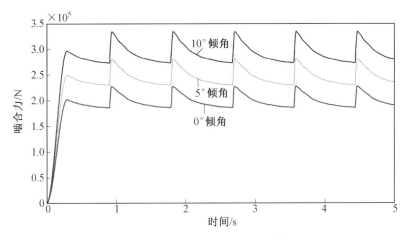

图 6.11　不同煤层倾角下齿销啮合力曲线

通过对不同煤层倾角下行走机构齿销啮合力进行仿真发现,不同煤层倾角下齿销啮合力波动周期一致,单齿啮合周期均约为 0.88 s,不同煤层倾角下牵引力波动率也相同,均约为 22.5%,原因是随着煤层倾角的增大,行走轮与销齿圆弧段初始啮合点并未发生改变,因此啮合力波动率保持不变。随着煤层倾角的增大,牵引阻力和齿销啮合力幅值不断增大,煤层倾角由 0° 增大到 5° 时,牵引阻力增大 23%,啮合力幅值也增大 23%,煤层倾角由 5° 增大到 10° 时,牵引阻力增大 18%,啮合力幅值也增大 18%,齿销啮合力增大的比例和牵引力增大的比例一致。

3. 变中心距下啮合特性

实际工况下导向滑靴耐磨层会发生磨损,同时行走轮可能会在工作过程中抬起,导致采煤机行走机构齿销啮合中心距出现变化,根据 6.2 节对中心距变化的情况分析可知,某型号采煤机最小齿销啮合中心距为 249 mm,最大齿销啮合中心距为 265 mm。中心距发生改变,齿销不再处于标准啮合状态,因此需要对行走机构在两种极限工况下及行走机构中心距突变时的力学特性进行分析。

建立中心距为 249 mm(最小中心距)、257 mm(标准中心距)、265 mm(最大中心距)下的行走机构动力学模型,选取正常工况下牵引阻力为外载荷,通过 step 函数将载荷添加到销排质心处,牵引阻力 $F = step(time, 0, 0, 0.3, 184000)$。不同中心距下齿销啮合力曲线如图 6.12 所示。

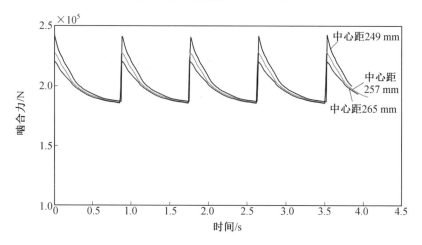

图 6.12　不同中心距下齿销啮合力曲线

根据图 6.12 不同中心距下齿销啮合力可知,最小中心距下啮合力幅值为 243 kN,标准中心距下啮合力幅值为 228 kN,最大中心距下啮合力幅值为 221 kN,随着中心距增大,啮合力不断减小,最小中心距比最大中心距时齿销啮合力幅值增加了约 10.1%,中心距减小时,行走轮更容易发生破坏。啮合力随着中心距变小而增大是因为中心距减小时啮合点更靠近销齿圆弧部分顶部,压力角增大,更加不利于传动。此外,中心距对啮合力最小值没有影响,三种中心距下啮合力最小值均约为 184 590 N,与理论值基本相等,因为啮合力最小值出现在直线段,此时传动比和压力角为定值,因此在牵引阻力恒定的情况下,直线段齿销啮合力为定值。

采煤机在工作过程中会出现一端突然抬起、另一端下压的工况,导致行走轮与销排啮合中心距突然变大或变小,引起啮合状况发生突变。根据速度合成原理将运动向水平和竖直方向进行分解,将刮板输送机设置为水平移动,销排设置沿向竖直方向的运动来模拟中心距的变化,销排与地面之间需要通过 Adams 中的平面副进行约束,将转动自由度设置为 0,通过运动副函数在竖直方向添加驱动函数 step(time,2.7,0,2.8,−16)。

根据图 6.13 直线段中心距突变时齿销啮合力可知,导向滑靴在直线段突然抬起不会引起齿销啮合力突变,当中心距变大时,行走轮与销排下一齿啮合的时间会推迟且齿销啮合力幅值变小,中心距未变化时,齿销啮合力幅值为242 100 N,中心距增大后,齿销啮合力幅值减小到 220 500 N,齿销啮合力幅值下降了约 9.8%,中心距稳定后,齿销啮合力仍呈现周期性变化且周期与中心距未变时相同,但周期明显滞后。

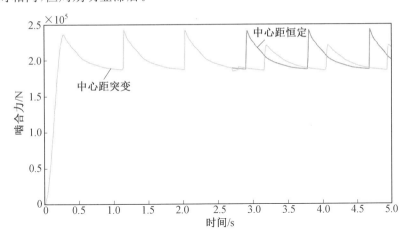

图 6.13　直线段中心距突变啮合力

从图 6.14 直线段中心距突变时牵引速度变化图中可以看出,在 2.7 s 时由于齿销啮合中心距突然增大,行走轮出现短暂悬空状态,受牵引阻力的影响,此时采煤机牵引速度会突然降低,随着行走轮转过一定角度继续与销齿接触,牵引速度重新稳定,稳定后牵引速度仍呈周期性变化。

根据图 6.15 圆弧段中心距突变时齿销啮合力可知,与直线段发生中心距突变不同,在圆弧段发生中心距突变会引起齿销啮合力突变,在行走轮抬起瞬间齿销啮合力突然减小,随着行走轮转过一定角度,行走轮再次与销齿啮合,齿销啮合力突然增大,频繁的载荷冲击会对行走机构产生破坏,稳定啮合后,啮合力仍

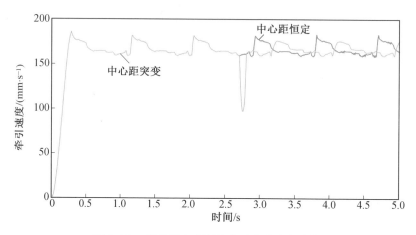

图 6.14　直线段中心距突变时牵引速度变化图

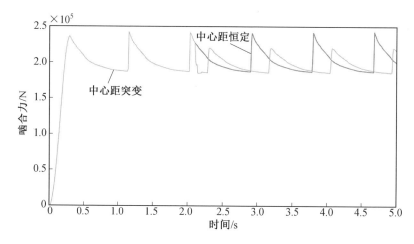

图 6.15　圆弧段中心距突变时啮合力

呈现周期性变化,变化周期与中心距未变时相同,但啮合力幅值降低。

　　从图 6.16 牵引速度变化图中可以看出,在 2.1 s 时由于中心距突然增大,行走轮出现短暂悬空状态,受牵引阻力的影响,此时速度会发生突然降低,相较于直线段行走轮抬起时速度降低现象,圆弧段行走轮抬起速度降低更为严重,稳定啮合后牵引速度仍呈现周期性变化。

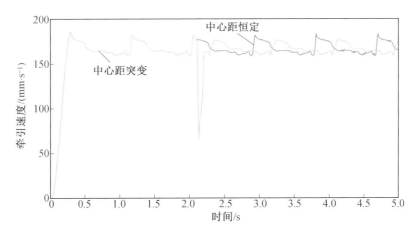

图 6.16　圆弧段中心距突变时牵引速度变化图

4. 变节距下齿销啮合特性

根据 6.2 节分析结果可知,两节销排正常节距为 147 mm,最小节距为 140 mm,最大节距为 154 mm,由于难以判断行走轮在两节销排连接处啮入及啮出点,因此建立模型时将第一组模型销排节距设置为 140 mm,第二组模型销排节距设置为 147 mm,第三组模型销排节距设置为 154 mm,在 Adams 中建立不同节距下齿销啮合动力学模型。牵引阻力设置为 184 000 N,电机输出转速设置为 step(time,0,0,0.3,8838d)。图 6.17 为变节距下齿销啮合力。

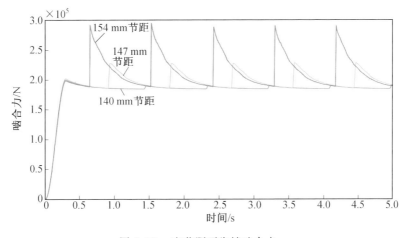

图 6.17　变节距下齿销啮合力

由图 6.17 变节距下齿销啮合力可知,销排节距对齿销啮合力有较大影响,齿销啮合力随着销排节距的增大而增大,最小节距 140 mm 时,齿销啮合力幅值约为 188 000 N,标准节距 147 mm 时,啮合力幅值约为 228 475 N,最大节距 154 mm 时,啮合力幅值约为 295 399 N,最大节距相对于最小节距齿销啮合力幅值增大约 57.1%。最小节距时啮合力波动率为 2.9%,标准节距时啮合力波动率为 22.5%,最大节距时啮合力波动率为 59.3%。适当减小节距可以提高啮合平稳性,但过小的节距容易使行走轮和销齿之间发生干涉,开采过程中,大块煤矸石掉落到销排上时会使得行走轮被卡住。

6.4　行走机构齿销啮合特性影响因素探究

行走机构齿销啮合力呈周期性波动,容易产生疲劳破坏,当设计变量较多时,对所有可能出现的组合进行全面的实验分析会耗费大量的时间,通过采取正交实验法,选取有代表性的组合进行实验,能够快速找出各因素最优水平。分析中选取销排节距、啮合中心距、煤层倾角为设计因素,按照 $L9(3^3)$ 正交表进行模拟实验,分析各设计因素对齿销啮合力和啮合力波动率的影响趋势。

1. 正交实验表设计

以节距、中心距、煤层倾角为设计因素,评价指标是齿销啮合力和齿销啮合力波动率,每个因素选取如表 6.1 所示的三个水平,构建如表 6.2 所示的 $L9(3^3)$ 正交实验设计表。

表 6.1　正交因素水平表

水平	因素		
	节距 /mm	中心距 /mm	煤层倾角 /(°)
1	140	244	0
2	147	252	5
3	154	260	10

表 6.2　正交实验设计表

实验号	节距	中心距	煤层倾角	啮合力极值 /($\times 10^5$ N)	啮合力波动率 /%
1	1	1	1	3.07	2.3
2	1	2	2	4.10	2.5
3	1	3	3	5.25	5
4	2	1	2	5.88	41.2

续表 6.2

实验号	节距	中心距	煤层倾角	啮合力极值 /($\times 10^5$ N)	啮合力波动率 /%
5	2	2	3	6.88	35.9
6	2	3	1	3.88	28.6
7	3	1	3	9.79	76.7
8	3	2	1	5.61	71.3
9	3	3	2	7.11	65.5

2. 正交实验结果分析

通过极差分析法对不同因素水平下齿销啮合力幅值进行分析,以各因素水平为横坐标,齿销啮合力幅值为纵坐标,通过 MATLAB 绘图得到齿销啮合力因素水平趋势如图 6.18 所示。通过极差分析法分析影响齿销啮合力幅值的主要因素,极差分析结果为 $R(A) > R(C) > R(B)$,由极差分析结果可知,销排节距对齿销啮合力幅值的影响最显著,中心距对齿销啮合力幅值的影响较小。随着销排节距和煤层倾角增大齿销啮合力逐渐增大,原因是煤层倾角增大,机身重力沿牵引方向分量增大,随着节距增大,行走轮与销齿初始啮合点靠近销齿圆弧上侧,压力角增大,导致齿销啮合力幅值增大。

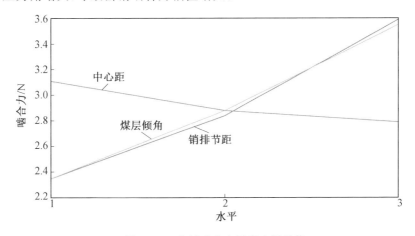

图 6.18　齿销啮合力因素水平趋势

通过极差分析法对不同因素水平下齿销啮合力波动率进行分析,不同因素水平下齿销啮合力波动率如图 6.19 所示。

极差分析结果为 $R(A) > R(B) > R(C)$,根据极差分析结果可知,销排节距变化对齿销啮合力波动率的影响最显著,煤层倾角和啮合中心距变化对齿销啮

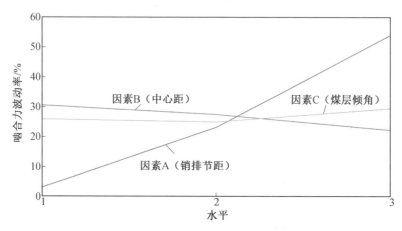

图 6.19　齿销啮合力波动率因素水平趋势

合力波动率的影响较小。随着销排节距增大,齿销啮合力波动率显著增大,原因是随着节距增大,行走轮与销齿初始啮合点靠近销齿圆弧上侧,压力角变大,且节距变化前后与直线段啮合时的压力角不变,导致齿销啮合力波动率增大。中心距变化和煤层倾角变化对齿销啮合力波动率的影响较小,可知渐开线行走轮有较好的变中心距适应能力,随着煤层倾角变化,齿销啮合的几何特性没有发生改变,所以牵引力波动率没有发生变化。

6.5　采煤机行走机构齿销啮合强度分析

以往分析齿销啮合应力的研究中,通常以采煤机行走轮额定转矩作为输入转矩,但采煤机不是时刻在额定功率下工作,通常情况下采煤机工作功率远小于额定功率,以额定功率作为输入,往往使得计算结果偏大。本章以第 3 章动力学分析结果为基础对行走轮进行有限元计算,第 3 章中对行走轮与销排进行了动力学分析,通过 Adams 进行动力学分析能够获得部件间的相互作用力,但无法分析部件间的接触应力,不能够判断零部件是否发生强度失效。采煤机常处于低速重载工况,行走轮与销排容易发生强度破坏,通过有限元分析方法对行走轮销排啮合过程进行仿真分析,获得齿面接触应力和齿根处弯曲应力。

1. 行走轮与销齿啮合工况分析

行走轮与销排啮合的过程类似于齿轮齿条啮合,在一个啮合周期,行走轮轮齿首先与销齿的圆弧段啮合,随着行走轮转过一定角度,行走轮齿开始与销齿直线段啮合,由于综合曲率半径和啮合力不同,在不同啮合阶段,接触应力结果有较大差异,此外在直线段和圆弧段过渡处为一奇点,通过理论计算无法得到奇点处的接触应力,销齿齿廓模型如图 6.20 所示。

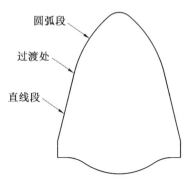

圆弧段

过渡处

直线段

图 6.20　销齿齿廓模型

斜切进刀工况下,刮板输送机处于 S 形弯曲状态,相邻两节中部槽之间会存在一定夹角,此时行走轮与销齿的接触方式由线接触变为点接触,载荷由接触点承担,接触状况更加恶劣。某型号采煤机采用的是 SGZ1000/1400 型刮板输送机,单节中部槽长度为 1 750 mm,距中部槽端部 1/4 处对称安装两个元宝座,与刮板输送机配套的销排单节长度为 875 mm,一节销排安装在中部槽中间,一节销排横跨两节中部槽。销排与中部槽装配关系如图 6.21 所示。

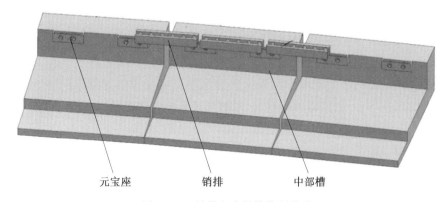

元宝座　　　　　　销排　　　　　　中部槽

图 6.21　销排与中部槽装配关系

为使得刮板输送机能顺利推溜,相邻两节中部槽在水平方向满足 ±1° 弯曲要求,根据图 6.22 刮板输送机、销排、导向滑靴三者间的装配关系,可以计算出刮板输送机水平弯曲角与销排水平弯曲角的关系为

$$\alpha = 2\beta \tag{6.25}$$

式中,α 为相邻中部槽的夹角,(°);β 为销排与中部槽的夹角,(°)。

当导向滑靴行驶到两节销排中间位置时,根据几何关系可以推算出,导向滑

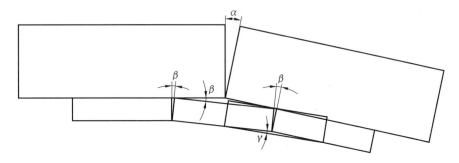

图 6.22　行走轮与销排几何关系

靴与销排夹角关系为

$$\beta = 2\gamma \tag{6.26}$$

式中,γ 为行走轮与导向滑靴的夹角,(°)。

因此,导向滑靴和销排之间的夹角 γ 与中部槽弯曲角 α 之间的关系为

$$\gamma = \frac{\alpha}{4} \tag{6.27}$$

行走轮与导向滑靴的装配关系为铰接,因此导向滑靴与销排的夹角 γ 就是行走轮与销排的夹角,当相邻两节中部槽间的水平弯曲角达到最大值 1° 时,行走轮和销排销齿间的夹角为 0.25°。

2. 行走轮销排接触应力分析

有限元法最早应用于固体力学,随着计算机技术的发展,有限元法得到广泛应用,借助有限元分析可以帮助企业缩短产品研制周期,改进产品结构,现已成为许多领域重要的研究手段。有限元法通过变分原理求解方程,计算精度与网格数量关系密切,一般网格数目越多,求解精度越高。

(1) 行走轮销齿接触应力理论。

行走轮与销齿间的接触力沿接触面的法向方向,根据第 3 章分析结论可知,标准工况下行走轮与销齿圆弧段啮合时法向力 $F = 334\,000$ N,与销齿直线段啮合时法向力 $F = 273\,590$ N。行走轮齿与销齿啮合应力计算主要利用赫兹公式,在计算过程中将行走轮与销齿假想为两个圆柱体,圆柱体半径为接触区的曲率半径,行走轮与销齿接触应力为

$$\sigma_{H\max} = \sqrt{\frac{P}{\pi B} \frac{\dfrac{1}{R_1} + \dfrac{1}{R_2}}{\dfrac{1-\nu_1{}^2}{E_1} + \dfrac{1-\nu_2{}^2}{E_2}}} \tag{6.28}$$

式中,P 为接触压力,N;B 为接触区域宽度,mm;R_1、R_2 为接触区域的曲率半径,

mm；ν_1、ν_2 为泊松比；E_1、E_2 为弹性模量，MPa。

销齿齿顶圆弧段曲率半径为 66 mm，行走轮与销齿圆弧段初始啮合位置曲率半径为 78 mm，行走轮与销齿直线段啮合位置曲率半径为 140 mm，标准工况下行走轮与销齿圆弧段啮合时法向力 $F=334\ 000$ N，与销齿直线段啮合时法向力 $F=273\ 590$ N。将上述啮合参数代入式(6.28)，可求出圆弧段啮合时接触应力为 1 350 MPa，直线段啮合时接触应力为 915 MPa。

(2) 有限元模型设置。

以标准工况下齿销啮合力为外载荷进行接触分析，分别对行走轮与销齿圆弧段、直线段、过渡处、0.25° 夹角四种接触状态下的啮合应力进行分析，判断接触面是否满足接触疲劳极限强度。由于分析的重点是行走轮轮齿与销齿的接触应力，因此为减小计算量需要对行走轮和销排进行简化分析，省略销排中不参与啮合的齿，只建立单个销齿，并完成行走轮与销齿的装配，将模型保存为 x-t 格式。图中 6.23(a)、(b)、(c)、(d) 分别为销齿圆弧段、销齿过渡处、销齿直线段及销齿行走轮 0.25° 夹角时啮合的装配模型。

Abaqus 模型库中内置了大量的材料模型，针对分析的类型选择线弹性材料，有限元软件中没有定义单位制，用户需要自己选择一套闭合的单位系统，分析过程中选择 mm、t、s 为基本单位制，将行走轮材料的密度修改为 7.8×10^{-9} t/mm³，弹性模量设置为 2.01×10^5 MPa，泊松比设置为 0.25，销排材料密度定义为 7.8×10^{-9} t/mm³，弹性模量设置为 2.06×10^5 MPa，泊松比设置为 0.24。Abaqus 中材料不能直接赋予零件，需先定义截面属性，然后才能将截面属性分配给零件，行走轮和销排都是实体模型，因此定义实体截面属性，将对应的截面属性赋予零件后，将行走轮和销排装配到仿真环境中。

因为销齿会发生弯曲，所以为保证求解精度，需要在行走轮厚度方向上至少要分布四层的网格。八节点减缩积分单元 C3D8R 对单元剪切自锁不敏感，同时兼具较高的求解精度，选择行走轮划分单元类型为 C3D8R。网格大小对有限元精度有很大影响，一般来说，网格尺寸越小，求解精度越高，单独对行走轮和销排接触区域网格进行局部加密，离接触区较远的位置划分较粗糙的网格，优先选用六面体网格进行划分，由于行走轮模型较为复杂，无法直接采用六面体网格进行划分，因此需要通过切分划分出高质量的网格，行走轮和销排网格划分如图 6.24 所示。划分后点击网格查询统计功能，得到有行走轮有 47 766 个单元，56 082 个节点。销排有 26 372 个单元，28 548 个节点，整个装配体总共划分了 74 138 个单元，84 630 个节点。

(a) 销齿圆弧段啮合　　　　　　　(b) 销齿过渡处啮合

(c) 销齿直线段啮合　　　　　　　(d) 销齿行走轮0.25°夹角啮合

图 6.23　　行走轮与销排四种工况装配模型

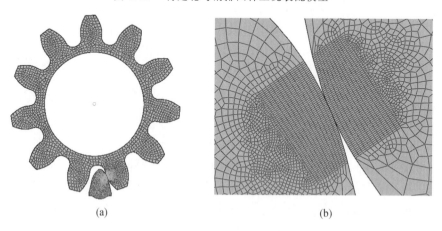

(a)　　　　　　　　　　　　　　(b)

图 6.24　　行走轮和销排网格划分

（3）定义边界条件和求解参数。

在定义接触面时有主面和从面之分，通常固定不动的面选择为主面，分析中只有行走轮与销齿外表面会发生接触,选择销齿表面为主面,行走轮销齿表面为从面,接触属性设置为切向摩擦接触,摩擦系数设置为 0.15,切向设置为硬接触。

对销齿两侧面施加固定约束,行走轮绕轴线转动,由于实体单元只有三个方向的平动自由度,需要在行走轮中心建立参考点 RP－1,将内圈节点的自由度耦合到参考点 RP－1 上实现转动效果。将齿销啮合力换算为行走轮扭矩添加到参考点 RP－1 上,为避免施加载荷引起的瞬时冲击,通过定义幅值曲线 AMP－1 将载荷平稳地施加到行走轮上,使接触更加容易收敛。

设置求解类型为静力学求解,增量步长为 0.01,最大步长为 0.1,最小步长为 1×10^{-5},为提高求解速度打开并行处理,设置求解器为 4 核,点击求解,等待求解结束进入后处理界面,提取有限元结果。行走轮与销齿直线段、过渡处啮合和行走轮与销排存在 0.25° 夹角时有限元参数设置与上述步骤相同。

(4)有限元结果分析。

某型号采煤机行走轮常用材料为 18Ni2Cr4WA,表面采用渗碳淬火,淬硬层深度达到 2～3 mm,表面硬度 HRC58～63,接触疲劳强度达到 1 600 MPa,弯曲疲劳强度极限约为 355 MPa(双向运转)。图 6.25 为行走轮与销齿圆弧段啮合时的接触应力。

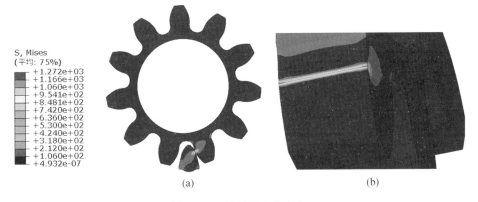

图 6.25　圆弧段啮合应力

根据图 6.25 行走轮与销齿圆弧段啮合接触应力可知,高应力区域主要集中在参与啮合的啮合线附近,未参与啮合的轮齿区域应力几乎为零。接触应力在啮合线两侧呈带状分布,最大应力为 1 272 MPa,与理论值 1 350 MPa 较为接近,误差约为 5.9%,由于最大接触应力小于接触疲劳强度 1 600 MPa,因此行走轮不会发生接触疲劳破坏。

行走轮与销齿直线段啮合时的接触应力如图 6.26 所示,高应力区域主要分布在啮合线两侧,最大应力为 871 MPa,与理论值 915 MPa 相差 4.8%,小于接触疲劳极限,直线段啮合时安全系数较高。行走轮与销齿直线段啮合时应力小于与销齿圆弧段啮合时接触应力,原因是直线段齿销啮合力减小,且行走轮与销齿直线段啮合时综合曲率半径增大,根据赫兹接触公式可知接触应力会降低。

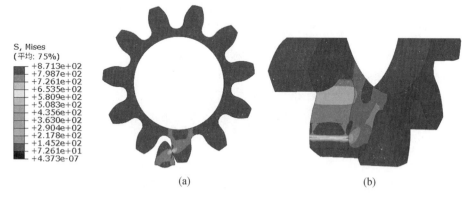

图 6.26　直线段啮合应力

圆弧段曲率半径为 66 mm,直线段曲率半径为无穷大,可知销齿圆弧段和直线段过渡处曲率发生突变,此时已经不能用赫兹接触公式进行计算,而只能采用数值模拟的方法计算接触应力。行走轮与销齿过渡处啮合时的接触应力如图 6.27 所示,高应力区域主要分布在啮合线两侧,最大应力为 1 053 MPa,小于行走轮与销齿圆弧段啮合时的应力,安全系数较高。

图 6.27　过渡处啮合应力

行走轮与销齿之间存在夹角时,行走轮轴线与全局坐标系不再平行,为方便对行走轮施加转动约束和转矩,需要建立新的坐标系 Lcs－2,选择坐标系类型为直角坐标系,建立方法选择通过三点,Abaqus 默认第一点和第二点连线为 x 轴,第二点和第三点为连线 y 轴,根据右手法则判断 z 轴方向,第一点和第二点选择行走轮端面圆心,第三点在行走轮端面上任选一点。图 6.28 为行走轮和销齿存在 $0.25°$ 夹角时的接触应力。

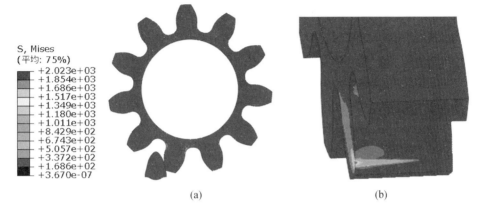

S, Mises
(平均: 75%)
+2.023e+03
+1.854e+03
+1.686e+03
+1.517e+03
+1.349e+03
+1.180e+03
+1.011e+03
+8.429e+02
+6.743e+02
+5.057e+02
+3.372e+02
+1.686e+02
+3.670e-07

(a)　　　　　　(b)

图 6.28　0.25° 弯曲角时接触应力

根据图 6.28 行走轮和销齿存在 $0.25°$ 弯曲角时接触应力可知,由于行走轮与销齿之间存在夹角,此时啮合区域由线接触变为点接触,承载面积减小,受力状况最为恶劣,通过有限元分析结果可知,应力沿齿面不是均匀分布而是集中在行走轮与销齿接触点一侧,最大应力为 2 023 MPa,接触应力远高于疲劳极限,行走轮易在接触点处发生破坏。

6.6　行走轮齿根弯曲应力分析

1.行走轮弯曲应力理论分析

采煤机行走轮为齿数 11 齿的渐开线齿轮,采用范成法加工会产生严重根切,现常采用的加工工艺为线切割,为提高齿根处承载能力,在齿根处通过半径为 76.35 mm 和半径为 25 mm 的圆弧过渡,使得齿根具有一定厚度,如图 6.29 所示。标准齿轮齿根应该为 0.38 倍模数的圆角,因此采用传统的齿根弯曲应力计算方法校核行走轮齿根弯曲应力可能会有一定误差,此时可以通过有限元法计算齿根弯曲应力,校核行走轮是否满足使用要求。

由于行走轮和销齿在圆弧段接触时和直线段接触时行走轮齿接触位置不同,且行走轮与销齿圆弧段接触和直线段接触时啮合力不同,因此分别计算直线段接触和圆弧段接触两种工况下的行走轮齿根弯曲应力。

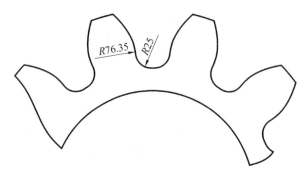

图 6.29　齿根过渡处圆弧示意图

根据图 6.30 径向力、切向力、法向力三者之间的关系可以计算出径向分量 F_r，切向分量 F_t。

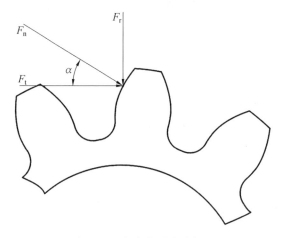

图 6.30　行走轮受力分解

行走轮与销齿圆弧段啮合，有

$$\begin{cases} F_t = F\cos 20° = 334\ 000 \times \cos 20° = 313\ 857(\mathrm{N}) \\ F_r = F\sin 20° = 334\ 000 \times \sin 20° = 114\ 234(\mathrm{N}) \end{cases}$$

行走轮与销齿直线段啮合，有

$$\begin{cases} F_t = F\cos 20° = 273\ 590 \times \cos 20° = 257\ 090(\mathrm{N}) \\ F_r = F\sin 20° = 273\ 590 \times \sin 20° = 93\ 573(\mathrm{N}) \end{cases}$$

齿轮受载时齿根所受弯矩最大，齿根弯曲应力为

$$\sigma_F = \frac{M}{W} = \frac{K F_t}{bm} \cdot \frac{6\left(\dfrac{l}{m}\right)\cos \alpha_F}{\left(\dfrac{s}{m}\right)^2 \cos \alpha} \tag{6.29}$$

式中,l 为弯曲力臂,mm;α_F 为载荷作用角,(°);K 为载荷系数;m 为齿根最大弯矩,N·mm;W 为危险截面抗弯截面系数,mm^3;α 为啮合角,$\alpha = 20°$。

可简化为

$$\sigma_F = \frac{2KT\,Y_{Fa}\,Y_{Sa}}{b\,d_1\,m} \tag{6.30}$$

式中,T 为扭矩,N·mm;Y_{Fa} 为齿形系数;Y_{Sa} 为校正系数;d_1 为分度圆直径,mm。

将行走轮齿厚、直线段啮合力、模数等数据代入公式,计算得到行走轮与销齿直线段啮合时弯曲应力理论值为 412 MPa。

齿根弯曲应力的理论模型采用悬臂梁模型,齿根应力图如图 6.31 所示,根据机械设计手册,对于制造精度低的齿轮,通常将全部载荷集中在齿顶位置进行计算,即

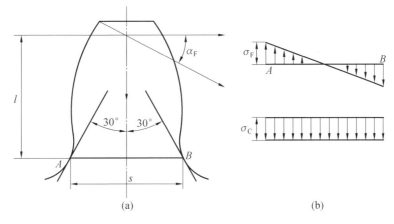

图 6.31   齿根应力图

$$\sigma_F = \frac{K\,F_t\cos\alpha_F l}{\cos\alpha} \cdot \frac{6}{b\,s^2} \tag{6.31}$$

式中,l 为弯曲力臂,mm。

危险截面厚度 $s = 70$ mm,弯曲力臂 $l = 91$ mm,齿顶压力角 $\alpha_F = 37°$,计算得到行走轮与销齿直线段啮合时弯曲应力理论值为 403 MPa。

2.行走轮弯曲应力有限元分析

有限元模型与 6.5 节相同,研究行走轮弯曲应力时,齿根处是研究的重点,将轮齿两侧齿根处进行切分,选择六面体网格进行局部加密,图 6.32 为行走轮齿根网格细化模型。图 6.33 为行走轮与销齿齿顶圆弧段啮合时行走轮齿根弯曲应力结果。

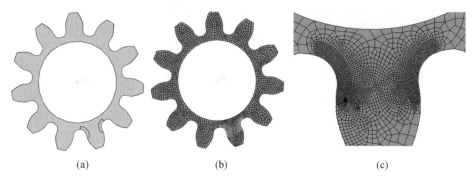

(a)   (b)   (c)

图 6.32   齿根网格细化模型

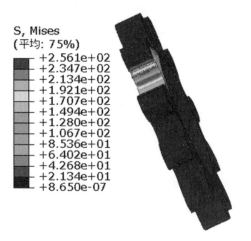

图 6.33   圆弧段齿根弯曲应力

根据图 6.33 为行走轮与销齿圆弧段啮合时齿根弯曲应力结果,行走轮与销齿圆弧段啮合时齿根两侧产生应力集中现象,应力最大值在受拉侧约为 256.1 MPa,在齿根受拉侧和齿根受压侧建立两条路径,通过后处理功能提取两条路径上的应力结果,齿根受拉侧平均弯曲应力为 249.8 MPa,受压侧平均弯曲应力为 240.4 MPa,行走轮齿根受拉侧平均应力高于受压侧平均应力,与通常的齿轮齿根受拉侧平均应力低于受压侧平均应力结果不符,原因是与销齿圆弧段啮合时行走轮齿根受拉侧距离施力的作用点较近,根据圣维南原理,距力作用点较近的区域受作用力的影响较大。

根据图 6.34 行走轮与销齿直线段啮合时齿根弯曲应力结果可知,行走轮与销齿直线段啮合时,齿根弯曲应力最大值在齿轮受压一侧,约为 389.0 MPa。在齿根受拉侧和齿根受压侧建立两条路径,通过后处理功能提取两条路径上的应力结果,受压侧平均弯曲应力为 383.7 MPa,受拉侧平均弯曲应力为362.6 MPa,

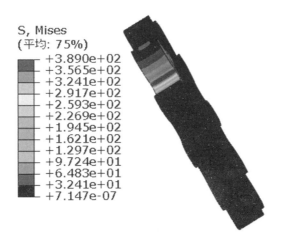

图 6.34　　直线段啮合齿根应力

受压侧平均应力高于受拉一侧的平均应力,符合悬臂梁模型的受力特点。通过对比发现,直线段啮合时齿根处应力大于圆弧段啮合时齿根弯曲应力,因为啮合线靠近齿顶,所以力臂较大。行走轮齿根弯曲应力理论计算结果为 412 MPa,理论值计算结果高于仿真计算结果约 5.6%,原因是理论值对标准齿轮下的计算采用标准齿轮为对象进行计算结果,而采煤机行走轮齿根处不是标准齿轮齿根,此时齿根处采用两段圆弧过渡,半径分别为 76.35 mm 和 25 mm,大于标准值 0.38 倍模数,齿根处受力状态更好。

6.7　采煤机行走轮疲劳寿命预测

疲劳是机械零件的主要破坏形式,据国外统计,机械零件约 50% 的破坏是由疲劳导致的。疲劳失效具有突发性,在构件疲劳断裂前没有明显的特征,无法及时有效地做出预防,往往会产生很大的危害。由于滚筒载荷具有时变性、非线性及采煤机常处于低速重载工况且载荷波动较大,容易导致行走轮发生断齿现象。井下作业空间狭小,零件更换困难,行走轮一旦发生破坏将会给煤矿企业带来经济损失,严重可能造成事故,因此对采煤机行走轮进行疲劳寿命预测具有较大的现实意义。

1. 疲劳累积损伤理论及数据处理方法

疲劳累积损伤理论认为,作用于材料的应力高于材料能承受疲劳极限时,载荷的每一次循环都会对材料产生损伤,应力低于疲劳极限时对材料造成的损伤可以忽略不计,循环应力的大小和循环次数是造成材料损伤的主要因素,应力对材料的损伤具有累积效应,当材料承受的总损伤达到临界值时,就会发生疲劳破坏。

(1)Miner 线性累积损伤理论。

Miner线性累积损伤理论指出,对于单一的应力循环损伤,与循环比成正比,对于由不同应力循环比构成的加载历史损伤,由各个应力循环比下的损伤线性叠加而成。Miner线性累积损伤准则:材料能够吸收的能量极限为 w,破坏前载荷的总循环次数为 N,在某一循环数 N_1 下吸收的能量 W_1,则循环数 N_1 与吸收的能量 W_1 之间的关系为

$$\frac{W_1}{W} = \frac{N_1}{N} \tag{6.32}$$

若材料承受随机载荷谱,应力水平分别为 $\sigma_1, \sigma_2, \sigma_3, \cdots, \sigma_n$,与之对应的循环次数分别为 $N_1, N_2, N_3, \cdots, N_n$,当各个应力水平下的实际循环次数达到 $n_1, n_2, n_3, \cdots, n_n$ 时,对零件造成的总损伤 D 满足

$$D = \sum_1^r \frac{n_i}{N_i} \tag{6.33}$$

当 $D=1$ 时,零件发生疲劳破坏。

(2)非线性累积损伤理论。

线性累积损伤理论简单方便、易于通过计算机编程,在工程中得到广泛实现,但线性累积损伤理论忽略的因素较多,预测结果有很大的分散性。为此,有学者提出了非线性累积损伤准则,马科等认为损伤和循环比之间的关系符合指数形式,即

$$D_i = (n_i / N_i)^{x_i} \tag{6.34}$$

式中,n_i 为应力循环数;N_i 为对应应力循环下的疲劳寿命;x_i 为大于 1 的常数。

通过非线性累积损伤理论可以看出,当材料承受多个应力水平作用时,材料的疲劳寿命会受到载荷加载顺序的影响,非线性累积损伤理论相比于迈因纳线性累积损伤理论更符合材料疲劳破坏的实际情况。

(3)雨流计数法。

简单的恒幅应力能够通过查找 $S-N$ 曲线得到零件的疲劳寿命,但零件在工作过程中所受的应力往往是随机的,每一个载荷循环的均值和幅值不同,对材料造成的损伤也不同,需要通过计数法对载荷进行统计。雨流计数法属于双参数计数法,能够记录应力幅和载荷循环次数,此外雨流计数法编程简单易于实现,目前应用较为广泛。

将应力—时间曲线顺时针旋转 $90°$,旋转后的应力—时间曲线与雨点在宝塔

上流动类似,因此称这种方法为雨流计数法,雨流计数图如图 6.35 所示。

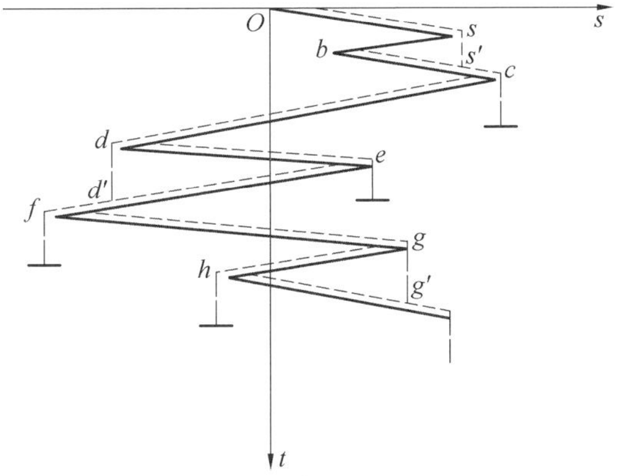

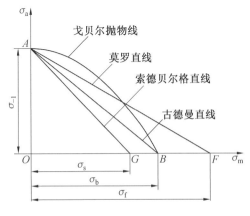

图 6.35　雨流计数图

（4）平均应力修正理论。

基于名义应力应变法对零件进行疲劳寿命预测需要获取材料的 $S-N$ 曲线,通常材料的 $S-N$ 曲线需要通过实验确定,在缺少实验的情况下可以通过经验公式或查阅资料得到材料的 $S-N$ 曲线。

在影响材料疲劳寿命的主要因素中,应力幅对零件的疲劳寿命影响最大,其次是平均应力。不同平均应力下零件的疲劳寿命不同,平均应力为正值时会使裂纹加速扩展,降低零件的疲劳寿命,相应地,如果平均应力为负值,则有利于裂纹闭合,延长零件的疲劳寿命。当零部件所受平均应力不为 0 时,需要采用平均应力理论进行修正来考虑平均应力带来的影响,常用的四种平均应力修正曲线如图 6.36 所示。

图 6.36　平均应力修正曲线

零部件在工作过程中往往承受随机载荷,而通过实验得到的材料 $S-N$ 曲线通常是在应力比为 -1 时的材料的疲劳曲线,难以获得不同平均应力下材料的疲劳寿命曲线。由于 Goodman 应力修正理论计算方便,计算结果能够满足工程需求,在工程界得到广泛应用。

Goodman 曲线的表达式为

$$\sigma_a = \sigma_{-1}\left(1 - \frac{\sigma_m}{\sigma_b}\right) \tag{6.35}$$

式中,σ_a 为极限应力幅,MPa;σ_{-1} 为材料疲劳极限,MPa;σ_b 为强度极限,MPa;σ_m 为平均应力,MPa。

2. 行走轮疲劳分析

采煤机行走轮与销排啮合属于开式传动,缺少润滑,在工作过程中,硬质颗粒容易进入齿销接触面,齿面磨损较为严重,当齿面发生疲劳点蚀后迅速磨损,因此很少对齿面接触疲劳强度进行校核。啮合过程中行走轮齿根处承受较大弯矩,同时齿根也是容易产生应力集中的部位,在交变载荷的作用下,在齿根处发生疲劳破坏的可能性比较大,图 6.37 为行走轮齿根断裂图。

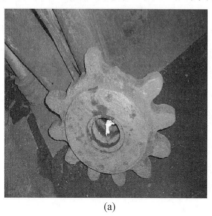 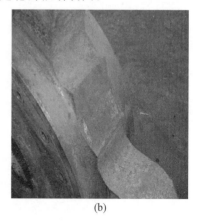

(a)   (b)

图 6.37　行走轮齿根断裂图

Nsoft、Fatigue、Ansys 等疲劳分析软件的基础理论基本相同,但 Ansys 自带大量的材料库,用户数量较多。通过 Ansys 进行疲劳寿命求解需要搭建疲劳分析五框图,一个完整的疲劳寿命分析包含五部分:有限元结果、载荷谱、材料 $S-N$ 曲线、求解引擎结果显示和输出。疲劳分析引擎需要根据疲劳破坏的类型进行选择,疲劳寿命分析结果可以在后处理模块中查看,通过数据共享通道将疲劳分析的五个基本模块连接起来,疲劳分析基本流程如图6.38所示。

由于井下实测行走轮载荷谱非常困难,受条件限制使用第5章仿真得到的滚

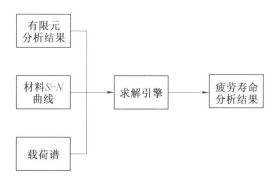

图 6.38　疲劳分析基本流程

筒随机载荷下齿销啮合力作为疲劳寿命分析的载荷谱。从 Ncode Designlife 界面右侧窗口基本模块中依次将有限元分析模块、载荷谱模块、材料 $S-N$ 曲线模块、求解引擎模块、显示窗口五个模块拖出，将对应模块数据传输按钮进行连接，将有限元结果和载荷谱导入到相应模块中，疲劳分析设置如图 6.39 所示。

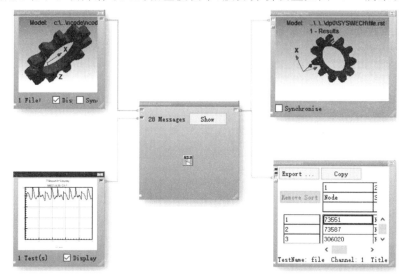

图 6.39　疲劳分析设置

选择求解器为标准 $S-N$ 求解器，应力修正方法选择 Goodman 平均应力修正方法，将多轴疲劳评估选择为自动疲劳计算，保存设置完成疲劳求解器的设置，疲劳分析引擎参数设置如图 6.40 所示。

```
Object Name: SNEngine (Standard SN analysis engine)
```

Name	Value	Description
□ **General**		
SNMethod	Standard ▼	The method used to calculate damage from
CustomSNMethod	None ▼	Specifies the customised SN method to us
CombinationMethod	AbsMaxPrincipal ▼	The method used to combine component str
MeanStressCorrection	None ▼	The method used to correct the damage ca
InterpolationLimit	UseMaxCurve ▼	Multicurve material interpolation limit
MultiAxialAssessment	Auto ▼	Whether to perform assessment of the mul
CertaintyOfSurvival	50	Required certainty of survival (%) on da
ScaleFactor	1	The scale factor to apply prior to damag
OutputMaxMin	True ▼	Whether to output max and min stresses
SmallCycleCorrection	None ▼	Adjusts materials data in the high cycle
OutputMaterialNames	False ▼	Whether to output material names to the
OutputDistributedSource	False ▼	Whether to output details of the distrib
OutputVibrationStats	False ▼	Whether to output Vibration PSD paramete
□ **BackCalculation**		
BackCalcMode	None ▼	Whether to perform a back-calculation or
TargetDamage	1E-6	Target damage for back calculation
BackCalcAccuracy	5	The accuracy of the back calculation
BackCalcMaxScale	5	The max scale factor to allow in back ca
BackCalcMinScale	0.2	The min scale factor to allow in back ca
□ **DutyCycle**		
EventProcessing	Independent ▼	How to process separate events in duty c
OutputEventResults	False ▼	Whether to output results per event or n
□ **Advanced**		
CheckStaticFailure	Warn ▼	The action to take on static failure
DamageFloor	1E-15	The calculated damage value below which

is double clicked

OK　　Cancel　　Help

图 6.40　疲劳分析引擎参数设置

　　通过图形显示和表格显示的方式来输出疲劳分析结果,通过图形显示能够得到疲劳损伤的位置、单次循环的损伤值和总的寿命,表格能够准确显示出各节点的循环次数。点击运算按钮,Ansys 将自动计算各单元的寿命值,行走轮疲劳寿命分布图如图 6.41 所示。

　　从图 6.41 行走轮寿命分布图可以得到齿根处疲劳寿命最低,其余大部分区域疲劳寿命较高,原因是齿根处应力值较高,且在行走轮转动过程中,各齿根频繁承受交变载荷作用,行走轮最高可承受 1.08×10^6 次载荷循环。

　　从行走轮疲劳分析结果中提取疲劳循环次数最少的 10 个节点,行走轮关键节点疲劳分析结果如图 6.42 所示。

　　由图 6.42 可见,采煤机行走轮疲劳循环次数最少的节点为 Node73551,其循环次数为 1.08×10^6,疲劳损伤值为 9.25×10^{-7}。若采煤机工作面长度为 200 m,

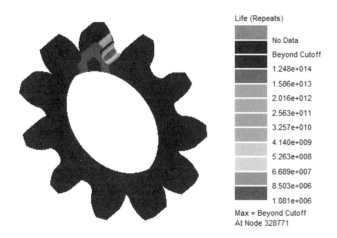

图 6.41　行走轮寿命分布图

牵引速度为 $v = 10$ m/min,行走轮基圆直径为 514 mm,转动一周计每个轮齿各啮合一次,则按每天平均工作时长计算,采煤机行走轮有效工作时间为 190 d,约为 6 个月。

	1	2	3
	Node	Damage	Life Repeats
1	73551	9.252e−07	1.081e+06
2	73587	9.252e−07	1.081e+06
3	306020	9.252e−07	1.081e+06
4	306093	9.221e−07	1.084e+06
5	305947	9.221e−07	1.084e+06
6	306019	9.193e−07	1.088e+06
7	306092	9.193e−07	1.088e+06
8	73515	9.191e−07	1.088e+06
9	73623	9.191e−07	1.088e+06
10	73552	9.17e−07	1.091e+06

图 6.42　行走轮关键节点疲劳分析结果

第7章 变节距下行走机构多体系统动力学特性研究

7.1 含齿轨间隙的行走机构多体系统动力学建模

以某采煤机渐开线行走轮及节距为 147 mm 的 Ⅲ 型销齿为研究对象,图 7.1 为采煤机行走轮与销齿啮合结构简图,其啮合过程类似齿轮齿条啮合过程。

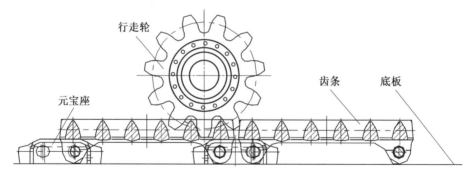

图 7.1 采煤机行走轮与销齿啮合结构简图

为适应底板的不平整及输送机的弯曲,齿轨间采用元宝座连接,且要允许齿轨连接处水平方向与垂直方向都存在一定的弯曲角度,这使得齿轨的节距在不断变化,导致行走轮在经过齿轨连接处受到较大的冲击载荷。若节距过小,则行走轮与销齿啮合的中心距变大,行走轮齿顶部分与销齿齿廓接触,行走轮轮齿的抗弯能力降低,易造成行走轮断齿,同时加剧行走轮与销齿的磨损,甚至可能产生跳齿现象;若节距过大,则行走轮与销齿啮合的重合度变小,行走轮的承载能力降低,甚至导致行走机构不能连续传动,同样会加剧行走轮与销齿的磨损。可见,传统的纯刚性模型并不能准确描述齿轨节距发生变化时行走机构的动态特性。尤其是对于大功率采煤机,因其对牵引力有更高的要求,对行走机构的可靠性的要求也更为苛刻,在进行动力学分析时,必须考虑两节齿轨连接处的变节距特性。为得到变节距下行走机构的动态特性,除了考虑行走轮轴自身的弹性变形及行走轮与销齿接触处的弹性变形外,还必须考虑齿轨之间的弹性连接。假设垂直牵引方向的支撑系统刚度足够,为便于分析系统的运动特性,由相对运动理论,假设行走轮做定轴转动,则齿轨相对底板水平移动,取2节齿轨作为研究对象,得到含齿轨间隙的行走机构动力学模型如图 7.2 所示。其中,M 为电机输入扭矩;r_d 为行走轮基圆半径;k_v 为销齿副综合啮合刚度;c_v 为销齿副啮合阻尼系数;k_w 为行走轮轴沿着牵引方向的弯曲刚度;c_w 为行走轮轴沿着牵引方向的弯曲阻尼系数;k_1 为齿轨间连接刚度,N/mm;c_1 为齿轨连接阻尼系数。

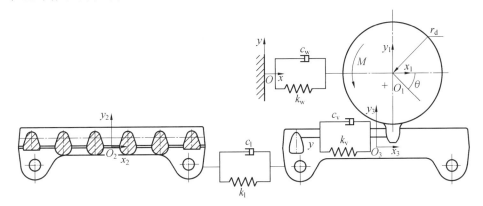

图 7.2　含齿轨间隙的行走机构动力学模型

7.2　行走机构动力学方程求解

1. 动力学方程的建立

如图 7.2 所示,在行走轮轴承中心处建立总体坐标系 $O-xyz$,在行走轮回转中心及两节齿轨几何中心处分别建立随刚体一起运动的局部坐标系 $O_1-x_1y_1z_1$、$O_2-x_2y_2z_2$、$O_3-x_3y_3z_3$。假设采煤机匀速行驶,θ 为行走轮转角,x_1 为行走轮轴沿牵引方向振动位移,x_2、x_3 分别为两节齿轨沿牵引方向位移,取 θ、x_1、x_2、x_3 为系统广义坐标,根据牛顿第二运动定律,建立图 7.2 所示系统的动力学方程,有

$$\begin{cases} m_1\ddot{x}_1+\ddot{\theta}r_d+c_w(\dot{x}_1-\dot{\theta}r_d)+k_w(x_1-\theta r_d)=\dfrac{M_0}{r_d}-F_v \\[2mm] J\ddot{\theta}+c_w\dot{\theta}+k_w\theta=M_0-F_v r_d \\[2mm] m_2\ddot{x}_2+c_1\dot{x}_2+k_1 x_2=0 \\[2mm] m_2\ddot{x}_3-c_1\dot{x}_2+2c_1\dot{x}_3-k_1 x_2+2k_1 x_3=F_v-\dfrac{F_Q}{2} \end{cases} \quad (7.1)$$

式中,m_1 为行走轮质量,kg;m_2 为单节齿轨质量,kg;r_d 为行走轮基圆半径,mm;M_0 为行走轮输入转矩,N・mm;F_v 为销齿动态啮合力,N;k_w、k_1 为行走轮轴弯曲刚度、销齿连接刚度,N/mm;J 为行走轮转动惯量,kg・mm²;c_w、c_1 为行走轮弯曲阻尼、销齿连接阻尼,N・s/mm。

2. 销齿传动的啮合力

销齿传动过程类似于齿轮齿条传动过程,动态激励是系统振动的根源,主要包括刚度激励、啮合冲击激励和误差激励。

(1)刚度激励。

刚度激励是由于啮合过程中重合度变化引起的。一般情况下,销齿传动的重合度 $1 \leqslant \varepsilon \leqslant 2$,当销齿法向节距小于行走轮法向节距时,啮合重合度小于1,在啮合过程中,一对齿与两对齿交替啮合,销齿传动的综合啮合刚度 k_v 可表示为

$$k_v = \sum k_{vi} \quad (i = 1, 2), \quad k_{vi} = \frac{k_1 k_2}{k_1 + k_2} \tag{7.2}$$

式中,k_{vi} 为第 i 对销齿的综合啮合刚度;k_1、k_2 为行走轮、销齿啮合点法向的啮合刚度。

此时,系统对应的阻尼为综合啮合阻尼,用 c_{vi} 表示。

两对销齿啮合刚度的变化如图7.3所示,图中 Δ 为一对轮齿啮合时间。实际进行分析时,将此曲线简化为矩形波。

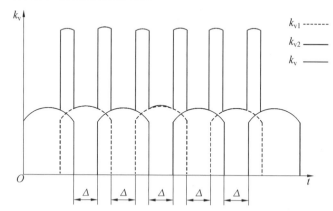

图 7.3 两对销齿啮合刚度的变化

(2)啮合冲击激励。

行走轮制造过程中产生的基节误差和销齿啮合时的弹性变形会产生啮合冲击,啮合冲击属于瞬间行为,是一种动态载荷激励,用常规方法很难定量确定啮合冲击激励 $f(t)$,可通过有限元法模拟的齿轮传动内部的啮合冲击激励近似

代替。

（3）误差激励。

误差激励主要是由行走轮及齿轨的几何误差引起的。由于采煤机行走部为开式传动系统，行走轮与齿轨之间夹杂大量煤粉与煤块，销齿啮合处接触精度不高，因此，误差激励不容忽视。它是如图 7.4 所示的一种误差激励，与接触点处弹性变形量有关，其转角长周期误差为一近似正弦曲线，短期误差可用傅立叶级数表示为

$$e(t) = \sum_j e_j(2\pi f_{\mathrm{m}}jt + \varphi_j) \tag{7.3}$$

式中，e_j、φ_j 为第 j 阶分量的幅值和相位；f_{m} 为啮频。

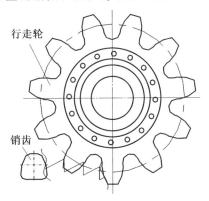

行走轮

销齿

图 7.4　误差激励

（4）啮合阻尼系数。

行走轮轮齿的啮合阻尼系数为

$$c_{\mathrm{v}i} = 2\xi \sqrt{m_{\mathrm{e}} k_{\mathrm{v}i}} \tag{7.4}$$

式中，m_{e} 为销齿副的当量质量，kg；ξ 为啮合阻尼比，实验表明，其值为 $0.03 \sim 0.17$。

行走轮轴的弯曲阻尼系数为

$$c_{\mathrm{w}} = 2\xi_{\mathrm{w}} \sqrt{\frac{J_{\mathrm{R}} J}{J_{\mathrm{R}} + J} k_{\mathrm{w}}} \tag{7.5}$$

式中，J_{R} 为行走轮输入端转动惯量，kg·mm²；ξ_{w} 为弯曲阻尼比，其值为 $0.03 \sim 0.1$。

销齿传动中，第 i 个齿对在啮合点处的法向啮合力 F_i 为

$$F_i = k_{\mathrm{v}i} \delta_i \tag{7.6}$$

式中，δ_i 为齿对 i 在啮合点位置的综合变形，其值和齿部的弯曲与剪切变形、齿根

弹性引起的附加变形及啮合点的接触变形有关。

（5）销齿啮合力。

用 e_i 表示第 i 对齿的齿廓误差，则 $\delta_i = \theta r_\mathrm{d} - x_1 - e_i$。销齿啮合力可表示为

$$F_\mathrm{v} = \sum_i \left(k_{\mathrm{v}i}(\theta r_\mathrm{d} - x_1 - e_i) + c_{\mathrm{v}i}(\dot\theta r_\mathrm{d} - \dot x_1 - \dot e_i) + f(t) \right) \quad (i = 1,2)$$

$$(7.7)$$

3. 秩 1 拟 Newton 法求解动力学方程

将方程组（7.1）整理为矩阵形式，得到采煤机行走机构动力学方程为

$$M\ddot{q} + C\dot{q} + Kq = P \tag{7.8}$$

式中，q 为系统广义坐标列阵，即

$$q = (\theta \quad x_1 \quad x_2 \quad x_3)^\mathrm{T}$$

M 为系统的质量矩阵，即

$$M = \begin{pmatrix} r_\mathrm{d} & m_1 & 0 & 0 \\ J & 0 & 0 & 0 \\ 0 & 0 & m_2 & 0 \\ 0 & 0 & 0 & m_2 \end{pmatrix}$$

C 为系统的阻尼矩阵，即

$$C = \begin{pmatrix} -r_\mathrm{d} c_\mathrm{w} + r_\mathrm{d} c_{\mathrm{v}1} + r_\mathrm{d} c_{\mathrm{v}2} & c_\mathrm{w} + r_\mathrm{d} c_{\mathrm{v}1} + c_{\mathrm{v}2} & 0 & 0 \\ c_\mathrm{w} + r_\mathrm{d}^2 c_{\mathrm{v}1} + r_\mathrm{d}^2 c_{\mathrm{v}2} & -r_\mathrm{d} c_{\mathrm{v}1} - r_\mathrm{d} c_{\mathrm{v}2} & 0 & 0 \\ 0 & 0 & c_1 & 0 \\ -r_\mathrm{d} c_{\mathrm{v}1} - r_\mathrm{d} c_{\mathrm{v}2} & c_{\mathrm{v}1} + c_{\mathrm{v}2} & 0 & 2 c_1 \end{pmatrix}$$

K 为系统的刚度矩阵，即

$$K = \begin{pmatrix} -k_\mathrm{w} r_\mathrm{d} + k_{\mathrm{v}1} r_\mathrm{d} + k_{\mathrm{v}2} r_\mathrm{d} & k_\mathrm{w} - k_{\mathrm{v}1} - k_{\mathrm{v}2} & 0 & 0 \\ k_\mathrm{w} + k_{\mathrm{v}1} r_\mathrm{d}^2 + k_{\mathrm{v}2} r_\mathrm{d}^2 & -k_{\mathrm{v}1} r_\mathrm{d} & -k_{\mathrm{v}2} r_\mathrm{d} & 0 \\ 0 & 0 & k_1 & 0 \\ -k_{\mathrm{v}1} r_\mathrm{d} - k_{\mathrm{v}2} r_\mathrm{d} & k_{\mathrm{v}1} + k_{\mathrm{v}2} & -c_1 - k_1 & 2 k_1 \end{pmatrix}$$

P 为系统的外力矩阵，即

$$P = \begin{pmatrix} \dfrac{M}{r_\mathrm{d}} + T \\[2mm] M + r_\mathrm{d} T \\[1mm] 0 \\[1mm] -\dfrac{F_\mathrm{Q}}{2} - T \end{pmatrix}$$

其中

$$T = k_{v1} e_1 + k_{v2} e_2 + c_{v1} \dot{e}_1 + c_{v2} \dot{e}_2$$

对于非线性方程组，$\boldsymbol{F}(\boldsymbol{x}) = \boldsymbol{0}$，$\boldsymbol{F}(\boldsymbol{x}) = (f_1, f_2, \cdots, f_n)^{\mathrm{T}}$，$\boldsymbol{x} = (x_1, x_2, \cdots, x_n)^{\mathrm{T}}$，有

$$\boldsymbol{x}^{i+1} = \boldsymbol{x}^i - \boldsymbol{A}_i^{-1} \boldsymbol{F}(\boldsymbol{x}^i) \quad (i = 0, 1, \cdots) \tag{7.9}$$

式中，$\boldsymbol{A}_i$ 为 $\boldsymbol{F}(\boldsymbol{x})$ 的 Jacobi 矩阵在 $\boldsymbol{x}^i$ 之值，即

$$\boldsymbol{A}_i = \boldsymbol{F}'(\boldsymbol{x}^i) = \begin{bmatrix} \dfrac{\partial f_1}{\partial x_1^i} & \dfrac{\partial f_1}{\partial x_2^i} & \cdots & \dfrac{\partial f_1}{\partial x_n^i} \\[2mm] \dfrac{\partial f_2}{\partial x_1^i} & \dfrac{\partial f_2}{\partial x_2^i} & \cdots & \dfrac{\partial f_2}{\partial x_n^i} \\[2mm] \vdots & \vdots & & \vdots \\[2mm] \dfrac{\partial f_n}{\partial x_1^i} & \dfrac{\partial f_n}{\partial x_2^i} & \cdots & \dfrac{\partial f_n}{\partial x_n^i} \end{bmatrix} \in \mathbf{R}^{n \times n}$$

为避免每步都重新计算 $\boldsymbol{A}_i$，采用类似于割线法的思路，只要求新的 $\boldsymbol{A}_{i+1}$，使其满足

$$\boldsymbol{A}_{i+1}(\boldsymbol{x}^{i+1} - \boldsymbol{x}^i) = \boldsymbol{F}(\boldsymbol{x}^{i+1}) - \boldsymbol{F}(\boldsymbol{x}^i) \quad (i = 0, 1, \cdots) \tag{7.10}$$

由上式可知，当 $n = 1$ 时，矩阵 $\boldsymbol{A}_{i+1}$ 为 $\boldsymbol{F}$ 关于点 $\boldsymbol{x}^i$ 及 $\boldsymbol{x}^{i+1}$ 的差商，当 $n > 1$ 时，$\boldsymbol{A}_{i+1}$ 并不确定，为此，限制 $\boldsymbol{A}_{i+1}$ 是由 $\boldsymbol{A}_i$ 的一个低秩修正矩阵得到的，即

$$\boldsymbol{A}_{i+1} = \boldsymbol{A}_i + \Delta \boldsymbol{A}_i \quad (\mathrm{rank}(\Delta \boldsymbol{A}_i) = m \geqslant 1) \tag{7.11}$$

式中，$\Delta \boldsymbol{A}_i$ 是秩为 m 的修正矩阵。

计算时，只需对给出的初始近似 $\boldsymbol{x}^0$ 及矩阵 $\boldsymbol{A}_0$，用式(7.8)～(7.11)逐次计算得到 $\{\boldsymbol{x}^i\}$ 及 $\{\boldsymbol{A}_i\}$，从而避免每步都要计算 $\boldsymbol{F}$ 的 Jacobi 矩阵。

若矩阵 $\boldsymbol{A}_i (i = 0, 1, \cdots)$ 非奇异，令 $\boldsymbol{H}_i = \boldsymbol{A}_i^{-1}$，可得与上述过程互逆的迭代格式为

$$\begin{cases} \boldsymbol{x}^{i+1} = \boldsymbol{x}^i - \boldsymbol{H}_i \boldsymbol{F}(\boldsymbol{x}^i) \\ (\boldsymbol{x}^{i+1} - \boldsymbol{x}^i) = \boldsymbol{H}_{i+1} \boldsymbol{F}(\boldsymbol{x}^{i+1}) - \boldsymbol{F}(\boldsymbol{x}^i) \\ \boldsymbol{H}_{i+1} = \boldsymbol{H}_i + \Delta \boldsymbol{H}_i \end{cases} \tag{7.12}$$

可见，式(7.12)不用求逆就能逐次推算出 $\{\boldsymbol{H}_i\}$。

当 $\mathrm{rank}(\Delta \boldsymbol{A}_i) = \mathrm{rank}(\Delta \boldsymbol{H}_i) = 1$ 时，设

$$\Delta \boldsymbol{A}_i = u_i \boldsymbol{v}_i^{\mathrm{T}} \quad (u_i, v_i \in \mathbf{R}^n) \tag{7.13}$$

式中，u_i，v_i 待定。

记 $\boldsymbol{r}_i = \boldsymbol{x}^{i+1} - \boldsymbol{x}^i$，$\boldsymbol{y}^i = \boldsymbol{F}(\boldsymbol{x}^{i+1}) - \boldsymbol{F}(\boldsymbol{x}^i)$，则式(7.9)可写为

$$\boldsymbol{A}_{i+1} \boldsymbol{r}_i = \boldsymbol{y}_i \tag{7.14}$$

将式(7.13)代入式(7.11),得

$$A_{i+1} = A_i + u_i v_i^{\mathrm{T}} \qquad (7.15)$$

将式(7.15)代入式(7.14),得

$$u_i v_i^{\mathrm{T}} r_i = y_i - A_i r_i \qquad (7.16)$$

若$v_i^{\mathrm{T}} r_i \neq 0$,则有

$$u_i = \frac{y_i - A_i r_i}{r_i v_i^{\mathrm{T}}} \qquad (7.17)$$

将式(7.17)代入式(7.13),则有

$$\Delta A_i = \frac{y_i - A_i r_i}{r_i v_i^{\mathrm{T}}} v_i^{\mathrm{T}} \qquad (7.18)$$

若取$v_i = r_i \neq 0$,则上式可变换为

$$\Delta A_i = (y_i - A_i r_i) \frac{r_i^{\mathrm{T}}}{r_i^{\mathrm{T}} r_i} \qquad (7.19)$$

即

$$\begin{cases} x^{i+1} = x^i - A_i^{-1} F(x^i) \\ A_{i+1} = A_i + (y_i - A_i r_i) \dfrac{r_i^{\mathrm{T}}}{r_i^{\mathrm{T}} r_i} \end{cases} \qquad (7.20)$$

7.3　行走机构动力学仿真

1. 动力学仿真结果

齿轨弹性连接模型参数表见表7.1,行走轮通过一节齿轨的时长为2.38 s。

表 7.1　齿轨弹性连接模型参数表

接触刚度 /(N·mm^{-1})	接触系数	接触阻尼 /(N·s·mm^{-1})	穿透深度 /mm
5×10^5	1.1	5×10^3	0.01
静摩擦因数	动摩擦因数	静摩擦转变速度 /(mm·s^{-1})	动摩擦转变速度 /(mm·s^{-1})
0.11	0.1	0.2	0.5

以行走轮与第一节销排第一个销齿相接触作为初始时刻,选取仿真时间为5 s,仿真步长为500,对模型进行仿真。行走轮速度波动曲线及行走轮与齿轨动态接触力仿真结果如图7.5～7.6所示。

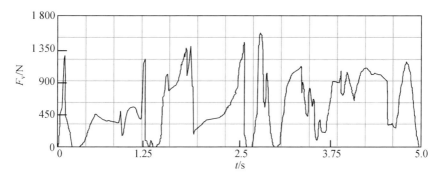

图 7.5　行走轮与齿轨动态啮合力仿真结果

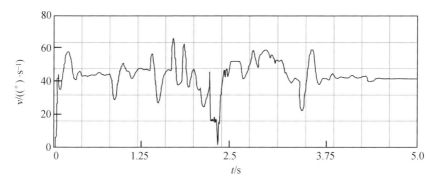

图 7.6　行走轮速度波动曲线

由图中可以看出,2.4 s 行走轮与第一节齿轨脱离接触,2.43 s 时行走轮与第二节齿轨接触,4.9 s 后行走轮速度趋于稳定,销齿啮合力为 0,因为 4.9 s 后行走轮与第二节齿轨脱离,行走轮空转。销齿啮合力多次出现峰值,但最大峰值出现在两节齿轨连接处附近。在销齿啮合过程中多次出现啮合力瞬态为零的情况,这是因为行走轮与齿轨并不是共轭啮合,多次发生分离,进而产生多次碰撞,这与实际情况相符。行走轮速度突变主要出现在载荷突变瞬间,在齿轨连接区域,行走轮速度波动最频繁,在与第二节齿轨初始啮合时,角速度波动值最大;行走轮在与销齿啮合时,啮合力恒为非负值,这说明虽然行走轮速度波动频繁,但不存在齿廓非工作面啮合冲击的情况。啮合力为零时,行走轮与齿轨由于碰撞冲击,接触面产生分离。图 7.7 为两节齿轨节距变化曲线图,可以看出,齿轨节距也在不断变化,当齿轨节距最小时,行走轮速度波动频繁,但波动值较小。

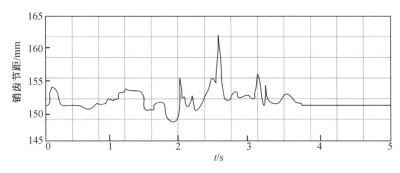

图 7.7　两节齿轨节距和变化曲线

2. 系统刚度对动力学特性的影响

（1）行走轮轴弯曲刚度影响分析。

图 7.8 为行走轮轴弯曲刚度为 10^6 时行走轮速度波动曲线，对比图 7.6 与图 7.8 可以看出，当弯曲刚度增大后，行走轮速度波动频繁程度增加，但波动幅值明显减小，最大峰值出现在电机启动瞬间。表 7.2 为销齿啮合综合刚度和齿轨连接刚度均为 10^5 时，行走轮轴弯曲刚度对行走轮速度波动及销齿啮合力幅值影响结果，将表 7.2 中数据绘制成散点图 7.9。行走轮速度波动幅值随着轴弯曲刚度的增加而减小，波动峰值一般出现在行走轮经过两节齿轨连接处，但当刚度增加到一定值后，其波动峰值出现在电机启动瞬间，且随刚度的增加而增加。销齿啮合力幅值随着行走轮轴弯曲刚度的增大而增大，但当增大到一定数值后，销齿啮合力幅值趋于平缓，轴弯曲刚度对销齿啮合力幅值的影响减弱。研究范围内，当行走轮弯曲刚度增大时，速度波动幅值由 89.7 (°)/s 下降到 16 (°)/s，速度波动幅值下降了 12.7%，销齿啮合力幅值增加了 8.89%。

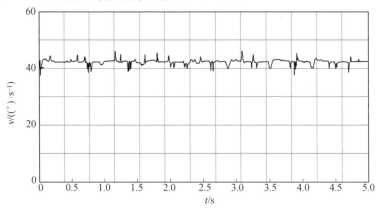

图 7.8　行走轮轴弯曲刚度为 10^6 时行走轮速度波动曲线

表 7.2　行走轮轴弯曲刚度与行走轮速度波动幅值及销齿啮合力幅值关系

轴弯曲刚度 /(N·mm⁻¹)	10^5	2×10^5	3×10^5	4×10^5	5×10^5	6×10^5
速度波动幅值 /((°)·s⁻¹)	89.7	53.8	50.3	43.2	40	36.2
销齿啮合力幅值 /kN	665.7	670.5	677.4	682.8	689.7	713.3
轴弯曲刚度 /(N·mm⁻¹)	7×10^5	8×10^5	9×10^5	10^6	1.1×10^6	1.2×10^6
速度波动幅值 /((°)·s⁻¹)	30.6	25.4	20.8	16	21.9	27.6
销齿啮合力幅值 /kN	716.6	719.3	721.4	723.1	724.1	724.9

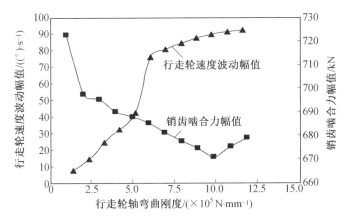

图 7.9　行走轮轴弯曲刚度对行走轮速度波动幅值及销齿啮合力幅值的影响曲线

（2）销齿啮合刚度影响结果分析。

表 7.3 为当行走轮弯曲刚度为 5×10^5、齿轨连接刚度为 10^5 时，销齿啮合刚度与行走轮速度波动幅值及销齿啮合力幅值关系，将表中数据绘制成散点图。

表 7.3　销齿啮合刚度与行走轮速度波动幅值及销齿啮合力幅值关系

销齿啮合刚度 /(N·mm⁻¹)	10^5	3×10^5	5×10^5	7×10^5	10^6	1.5×10^6
速度波动幅值 /((°)·s⁻¹)	40	43	50	93	127	137
销齿啮合力幅值 /kN	689	852	1 410	2 160	2 916	4 243.8
销齿啮合刚度 /(N·mm⁻¹)	2×10^6	2.5×10^6	3×10^6	3.5×10^6	4×10^6	4.5×10^6
速度波动幅值 /(°)·(s⁻¹)	141	156.8	153	155.5	152.5	156.4
销齿啮合力幅值 /kN	4 642.8	6 928.5	7 748.1	9 240.6	12 320.9	13 824.5

从图 7.10 可以看出,不考虑销齿啮合的刚度激励,将其视为一常数,研究范围内,随着销齿啮合刚度的增加,速度波动幅值由 40 (°)/s 增大至 156.4 (°)/s,销齿啮合力幅值由 689 kN 增大至 13 824.5 kN,各值与销齿啮合刚度基本呈线性关系。

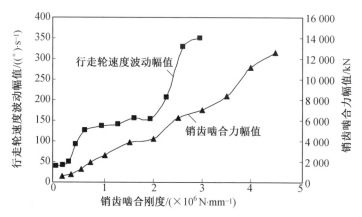

图 7.10　销齿啮合刚度对行走轮速度波动幅值及销齿啮合力幅值的影响曲线

(3) 齿轨连接刚度影响结果分析。

表 7.4 为当行走轮弯曲刚度为 5×10^6、销齿综合啮合刚度为 10^5 时,齿轨连接刚度与行走轮速度波动幅值及销齿啮合力幅值关系,将其绘制成散点图。齿轨间的连接刚度越大,齿轨连接处节距变化越小,行走轮与齿轨产生的啮合冲击越小,行走轮的速度波动幅值与销齿啮合力幅值均会有所减小,图 7.11 中的曲线与这一规律相符。由分析知,当齿轨连接刚度达到足够大时,销排节距为一常数,此时,销齿啮合力幅值出现在仿真初始瞬间,取决于牵引力幅值。

表 7.4　齿轨连接刚度与行走轮速度波动幅值及销齿啮合力幅值关系

连接刚度 /(N · mm^{-1})	10^5	3×10^5	5×10^5	7×10^5	10^6	1.5×10^6
速度波动幅值 /((°) · s^{-1})	62	59	59	57	56	50
销齿啮合力幅值 /kN	689.3	678	680.2	663	652	630
连接刚度 /(N · mm^{-1})	2×10^6	2.5×10^6	3×10^6	3.5×10^6	4×10^6	4.5×10^6
速度波动幅值 /((°) · s^{-1})	48	44	44	44	42	42
销齿啮合力幅值 /kN	621	606.3	601	588.6	580.3	563.8

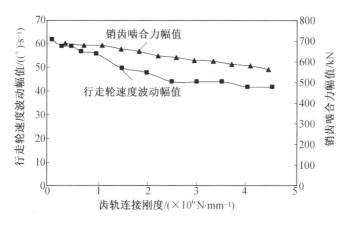

图 7.11　齿轨连接刚度对行走轮速度波动及销齿啮合力幅值影响曲线

3. 仿真结果回归分析

假设非线性目标函数 $y=f(x)$ 通过某种数学变换 $\begin{cases} v=v(y) \\ u=u(x) \end{cases}$，使之"线性化"化为一元线性函数 $v=a+bu$ 的形式，继而利用线性最小二乘法估计出参数 a 和 b，用一元线性回归方程 $\hat{v}=\hat{a}+\hat{b}u$ 来描述 v 和 u 之间的统计规律性，然后再用逆变换 $\begin{cases} y=v^{-1}(v) \\ x=u^{-1}(u) \end{cases}$ 还原为目标函数形式的非线性回归方程，回归方程对实验值的拟合精度用拟合优度 R^2 评价，其取值范围为 $(0,1)$。R^2 越大，拟合精度越高。

通过非线性回归，绘制行走轮弯曲刚度、销齿啮合刚度及齿轨连接刚度与销齿啮合力幅值和行走轮速度波动幅值拟合曲线，得到回归方程及拟合优度见表 7.5。拟合优度值均大于 0.9，说明有 90% 实测点都位于拟合曲线上。通过曲线拟合方程可以得到曲线上任意刚度值下，行走轮速度波动幅值及销齿啮合力幅值。

表 7.5　刚度对速度波动幅值与销齿啮合力幅值影响回归方程

刚度类型	速度波动幅值		销齿啮合力幅值	
	回归方程	优度	回归方程	优度
弯曲刚度	$y=-25.6\ln x+375.5$	0.923	$y=10^{-10}x^2+3\times10^{-5}x+660.1$	0.969
啮合刚度	$y=10^{-12}x^2-10^{-5}x+63.08$	0.984	$y=-11.73x+705.7$	0.987

续表 7.5

刚度类型	速度波动幅值		销齿啮合力幅值	
	回归方程	优度	回归方程	优度
连接刚度	$y = -6 \times 10^{-11} x^2 + 14.71$	0.955	$y = 3 \times 10^{-10} x^2 + 0.001x + 620.9$	0.992

7.4 销齿传动非线性动态特性分析简介

1. 销齿传动无量纲振动模型

设行走轮和销齿齿轨上的载荷均由载荷平均分量和载荷变动分量组成,即

$$M(t) = M_{av} + M_d \tag{7.21}$$
$$F_Q(t) = F_{Q-av} + F_{Q-d} \tag{7.22}$$

式中,M_{av}、F_{Q-av} 为行走轮和销齿轨的载荷平均分量,kN;M_d、F_{Q-d} 为行走轮和销齿轨的载荷变动分量,kN。

设行走系统的动态传递误差与静态传递误差的差值可表示为 $x(t)$,则有

$$x(t) = r_d \theta(t) - x_2(t) - e(t) \tag{7.23}$$

当销齿存在啮合间隙时,使用非解析函数 $f'(x)$ 描述啮合力,其形式如图 7.12 所示,其值可表示为

$$f(x) = \frac{f'(x)}{k_v} = \begin{cases} x(t) - b & (x(t) > b) \\ 0 & (-b \leqslant x(t) \leqslant b) \\ x(t) + b & (x(t) < -b) \end{cases} \tag{7.24}$$

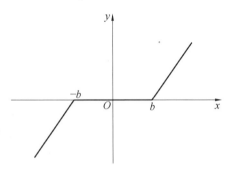

图 7.12 间隙非线性函数

取单节销齿轨和行走机构作为研究对象,假设销齿啮合力的载荷变动分量

为零,由牛顿力学定律,销齿副的振动分析模型可写为

$$m_e \frac{d^2 x}{dt^2} + c_v \frac{dx}{dt} + k_m f'(x) = F_{Q-av} + M_d(t) - m_e \frac{d^2 e}{dt^2} \tag{7.25}$$

式中,m_e 为销齿副等效质量,其值可表示为 $m_e = (r_d^2/J + 1/m_2)^{-1}$,kg;$M_d(t)$ 为与行走轮外力矩变动分量有关的力,其值可表示为 $M_d(t) = m_e r_d M_d(t)/J$,kN。

在销齿传动系统中,$M_d(t)$ 属于外部激励,$e(t)$ 属于内部激励,设系统外部激励激频为 ω_{et},内部激励激频为 ω_{eh},将其改写为简谐函数形式,即

$$M_d(t) = M_d \cos(\omega_{et} t + \varphi_t) \tag{7.26}$$

$$e(t) = e \cos(\omega_{eh} t + \varphi_t) \tag{7.27}$$

设式(7.25)中,各参数的无量纲形式分别为

$$\bar{F}_{Q-av} = F_{Q-av}/b k_m \tag{7.28}$$

$$\bar{M}_d = M_d(t)/b k_m \tag{7.29}$$

$$\bar{F}_{ah} = e/b \tag{7.30}$$

$$\bar{\omega}_{ah} = \omega_{ah}/\omega_n \tag{7.31}$$

$$\bar{\omega}_{eh} = \omega_{eh}/\omega_n \tag{7.32}$$

整理得到,销齿传动无量纲分析模型为

$$\ddot{x}(t) + 2\xi \dot{x}(t) + \bar{f}(x)/b = \bar{F}_{Q-av} + \bar{M}_d \cos(\omega_{et} t + \varphi_t) + \bar{F}_{ah} \omega_{eh}^2 \cos(\omega_{eh} t + \varphi_t) \tag{7.33}$$

式(7.33)等号右边的三项分量分别为销齿传动系统平均载荷、系统外部激励及内部激励。后续研究系统在内部激励下的动态特性时,可将外部激励一项忽略。

忽略方程(7.33)的外部激励项,将方程转化为如下一阶微分方程组,即

$$\begin{cases} \dot{x}_1 = x_2 \\ \dot{x}_2 = \bar{F}_{Q-av} + \bar{F}_{ah} \omega_{eh}^2 \cos(\omega_{eh} t + \varphi_t) - 2\xi x_2(t) - f(x_1) \end{cases} \tag{7.34}$$

2. 销齿传动动态特性分析方法

由于销齿传动的非共轭性,销齿传动过程中伴随着强烈的非线性行为,甚至可能出现混沌特性。非线性系统动态特性分析方法包括全局分析法和局部分析法,比较典型的包括最大 Lyapunov 指数法、分岔图法、时间历程图、相图、Poincare 映射分析法和 Fourier 频谱图法等。前两种属于全局分析法,后面的几种方法均属于局部分析法。

（1）最大 Lyapunov 指数法。

Lyapunov 指数反映两条相轨迹间距离变化量，定量地反映了任意相邻轨线距离平均发散或收敛的程度，最大 Lyapunov 指数是判断系统是否为混沌运动的定量标准。

将销齿传动系统模型转化为状态方程，有

$$\dot{\boldsymbol{X}} = G(\boldsymbol{X}(t), t) \tag{7.35}$$

式中，$\boldsymbol{X} = (x_1, x_2, \cdots, x_n)^{\mathrm{T}}$。

在零时刻，$\boldsymbol{X}(0) = X_0 \in \mathbf{R}^n$，相空间中两条迹线位于 X_0 和 $X_0 + \Delta X_0$ 处，当 ΔX_0 足够小时，可近似为向量 v_0，$v_0 \in T_X M$，$T_X M$ 为切空间。设 $\boldsymbol{A}$ 是 G 的 Jacobi 矩阵，则

$$\boldsymbol{A}(\boldsymbol{X}(t)) = \left(\frac{\partial G_i(\boldsymbol{X}, t)}{\partial x_j} \right)_{\boldsymbol{X} = \boldsymbol{X}(t)} \qquad (i, j = 1, 2, \cdots, n) \tag{7.36}$$

最大 Lyapunov 指数可表示为

$$\lambda(X_0, v_0) = \lim_{t \to \infty} \frac{1}{t} \ln \frac{\|v(t)\|}{\|v_0\|} \tag{7.37}$$

在 t_0 时刻，足够小的线扰动量 $\delta X_1(t_0)$，在短时间内近似按 $\|\delta X_1(t_0)\| e^{\sigma(t - t_0)}$ 规律变化，则有

$$\sigma = \frac{1}{t - t_0} \ln \frac{\|\delta \boldsymbol{X}(t)\|}{\|\delta \boldsymbol{X}(t_0)\|} \tag{7.38}$$

分别计算不同 t_0 时刻的 σ，取其平均值，即可得到系统的最大 Lyapunov 指数。

（2）Poincare 映射分析法。

相图用极坐标法表示系统位移和速度关系，其轨迹称为相轨迹。对连续运动的轨迹，每隔一个外激励周期，用一个截面将其横截，得到的相应的相点记为 $(p(x_0, y_0), p(x_1, y_1), \cdots, p(x_n, y_n))$，该相点所形成的映射即为 Poincare 映射。根据 Poincare 映射图，就可以简洁地判断运动的形态。

（3）分岔图法。

设含参数的系统为

$$\dot{\boldsymbol{x}} = f(\boldsymbol{x}, \boldsymbol{\mu}) \tag{7.39}$$

式中，$x \in U \subseteq \mathbf{R}^n$ 称为状态变量；$\boldsymbol{\mu} \in J \subseteq \mathbf{R}^m$ 称为系统参数。

当系统参数发生连续变化时，若上述系统的拓扑结构在 $\mu_0 \in J$ 处发生突然变化，即系统在 $\mu = \mu_0$ 处发生分岔，μ_0 称为分岔值。μ 在空间中组成的集合称为分岔集，系统在 $x - \mu$ 空间中，极限集随参数变化的图形即为分岔图。将系统离散成 Poincare 点映射系统，有

$$\boldsymbol{y}_{i+1} = g(\boldsymbol{y}_i) \tag{7.40}$$

式中,$\boldsymbol{y}_i = (x, \dot{x})^{\mathrm{T}}$ 是系统在分岔时的状态。

系统的 n 周期稳定不动点满足

$$\overline{\boldsymbol{y}}_{m+1} = \overline{\boldsymbol{y}}_m(\overline{y}_1) \quad (m=1,2,\cdots,n) \quad 且 \quad \overline{\boldsymbol{y}}_i = G^n(\overline{y}_1) \quad (i=1,2,\cdots,n) \tag{7.41}$$

具有间隙的销齿传动系统运动微分方程为

$$\ddot{x}(t) + 2\xi\dot{x}(t) + f(x(t)) = \overline{F}_{Q-av} + \overline{F}_{ah}\,\omega_{eh}^2\cos(\omega_{eh}t + \varphi_t) \tag{7.42}$$

当系统参数改变时,系统的动态特性也会随之改变。在该系统中,可变参数包括内部激励频率 ω_{eh}、激励幅值 $\overline{F}_{Q-av}$、$\overline{F}_{ah}$ 及阻尼比 ξ。

参 考 文 献

[1] 刘春生,于信伟,任昌玉. 滚筒式采煤机工作机构[M]. 哈尔滨:哈尔滨工程大学出版社,2010.

[2] 张丹,田操,孙月华,等. 销轨弯曲角对采煤机行走机构动力学特性的影响[J]. 黑龙江科技大学学报,2014,24(3):262-266.

[3] 张丹,张标,徐鹏,等. 基于 Archard 磨损模型的采煤机行走轮磨损特性研究[J]. 煤炭技术,2022,41(9):211-215.

[4] 张丹,王栋辉,徐鹏,等. 滚筒随机载荷下采煤机行走机构齿销啮合力研究[J]. 煤矿机械,2022,43(9):31-34.

[5] 张丹,王栋辉,张标. 多因素融合下采煤机行走机构的齿销啮合特性[J]. 黑龙江科技大学学报,2022,32(3):387-392.

[6] 徐鹏,任春平,张丹. 薄煤层采煤机牵引机构传动特性分析[J]. 中国新技术新产品,2022(10):46-49.

[7] 张丹,孙明明,李德根,等. 变参数下某采煤机行走机构齿销啮合特性[J]. 煤炭技术,2022,41(5):175-178.

[8] 张丹,王栋辉,郝尚清,等. 无人驾驶采煤机滚筒调高模型与避障策略[J]. 煤矿机械,2021,42(7):53-56.

[9] 张丹,郝尚清,宋胜伟. 运动状态检测的采煤机捷联惯导系统误差组合算法[J]. 黑龙江科技大学学报,2019,29(3):299-303.

[10] 张丹,刘元林,齐立涛,等. MG2040 型采煤机行走部件刚度对其动力学特性的影响[J]. 煤炭科学技术,2017,45(12):150-154,181.

[11] 张丹,刘春生,李德根. 瑞利随机分布下滚筒截割载荷重构算法与数值模拟[J]. 煤炭学报,2017,42(8):2164-2172.

[12] 张丹,刘春生,王爱芳,等. 分布质量模型下的采煤机牵引部扭振系统动态特性及优化[J]. 黑龙江科技大学学报,2017,27(2):109-113,164.

[13] 张丹,王爱芳,陈国晶. 变节距下采煤机行走机构的动力学特性[J]. 黑龙江科技大学学报,2016,26(6):669-674,686.

[14] 刘春生，田操，张丹. 采煤机液压调姿牵引机构的仿真研究[J]. 黑龙江科技大学学报，2015，25(2)：212-218.

[15] 吴卫东，周兴平，徐威，等. 采煤机截割部双电动机驱动对高速级齿轮动态特性的影响[J]. 机械工程师，2023(4)：4-7.

[16] 张丹，周子杨. 基于离散元的刮板输送机中部槽中板磨损仿真分析[J]. 矿山机械，2023，51(9)：21-28.

[17] 张丹，陈仕林，吴卫东，等. 基于深度视觉原理的液压支架护帮板收回姿态测量方法研究[J]. 煤矿机械，2023，44(9)：191-194.

[18] 石照耀，康焱，林家春. 基于齿轮副整体误差的齿轮动力学模型及其动态特性[J]. 机械工程学报，2010，46(17)：55-61.

[19] 吴卫东，马杨，蔡树文，等. 基于烟花算法的采煤机截割部行星机构优化设计[J]. 黑龙江科技大学学报，2021，31(5)：666-672.

[20] 吴卫东，杨志新，李杰，等. 液压凿装机掘进臂扒岩载荷分析及结构优化[J]. 煤矿机械，2021，42(3)：85-88.

[21] 吴卫东，戴敬桐，李杰，等. 基于 MDESIN 采煤机截割部行星传动的齿形优化[J]. 机械工程师，2021(2)：1-3,6.

[22] 吴卫东，李杰，杨志新，等. 采煤机截割部摇臂结构热固耦合及传动影响分析[J]. 煤矿机械，2020，41(12)：73-74.

[23] 吴卫东，郭昌利. 采煤机扭矩轴卸载槽表面粗糙度的稳健特性[J]. 黑龙江科技大学学报，2017，27(2)：104-108.

[24] 吴卫东，宋维臣，单长斌. 侧臂传动式薄煤层采煤机截割部有限元分析[J]. 机械工程师，2015(12)：131-134.

[25] 吴卫东，关昌健，单长斌. 薄煤层采煤机整体机身结构有限元分析[J]. 煤矿机械，2015，36(9)：129-131.

[26] 吴卫东，单长斌. 采煤机截割部扭矩轴对传动系统动态特性的影响[J]. 黑龙江科技大学学报，2015，25(4)：394-398,416.

[27] 吴卫东，张志飞. 采煤机行走机构啮合参数对动力学特性的影响[J]. 黑龙江科技大学学报，2014，24(3)：256-261.

[28] 吴卫东，薛红锐，李君华. 采煤机截割部行星传动齿轮啮合动力学仿真[J]. 黑龙江科技学院学报，2013，23(3)：236-240.

[29] 任春平，刘春生. 煤岩模拟材料的力学特性[J]. 黑龙江科技大学学报，2014，24(6)：581-584.

[30] 赵丽娟，刘旭南，马联伟. 基于经济截割的采煤机运动学参数优化研究 [J]. 煤炭学报，2013，38(8)：1490-1495.

[31] 刘春生，任春平，李德根. 修正离散正则化算法的截割煤岩载荷谱的重构 与推演[J]. 煤炭学报，2014，39(5)：981-986.

[32] 刘宋永. 采煤机滚筒截割性能及截割系统动力学研究[D]. 阜新：辽宁工程技 术大学，2008：2-7.

[33] 赵丽娟，李佳，田震，等. 新型薄煤层采煤机截割部建模与仿真研究[J]. 机械传动，2013，37(1)：47-50.

[34] 张丹. 多齿复合截割滚筒随机载荷重构算法及牵引特性研究[D]. 哈尔滨： 哈尔滨工程大学，2016.

[35] 刘春生，刘延婷，刘若涵，等. 采煤机截割状态与煤岩识别的关联载荷特 征模型[J]. 煤炭学报，2022，47(1)：527-540.

[36] 刘春生，那洪亮，韩德亮. 基于ADAMS的碟盘振动切削破碎煤岩机构的 动力学特性[J]. 黑龙江科技大学学报，2020，30(3)：284-290.

[37] 刘春生，于念君，张艳军. 极薄煤层采煤机滚筒的装煤过程与性能评价 [J]. 黑龙江科技大学学报，2020，30(1)：86-93.

[38] 刘春生，李德根，任春平. 基于熵权的正则化神经网络煤岩截割载荷谱预 测模型[J]. 煤炭学报，2020，45(1)：474-483.

[39] 刘春生，白云锋，张艳军. 截齿切削厚度与截割比能耗的算法及误差分析 [J]. 黑龙江科技大学学报，2019，29(5)：575-579,585.

[40] 李铁军. 采煤机牵引部传动系统动态特性研究[D]. 太原：太原理工大 学，2005.

[41] 李明，孙涛，胡海岩. 齿轮传动转子—轴承系统动力学的研究进展[J]. 振 动工程学报，2002，15(3)：249-256.

[42] 李应刚，陈天宁，王小鹏，等. 外部动态激励作用下齿轮系统非线性动力 学特性[J]. 西安交通大学学报，2014，48(1)：101-105.

[43] 卢剑伟，曾凡灵，杨汉生，等. 随机装配侧隙对齿轮系统动力学特性的影 响分析[J]. 机械工程学报，2010，46(21)：82-86.

[44] 资鹏，王宗彦，陆春月. 采煤机牵引轮齿销滚动啮合设计[J]. 煤炭技术， 2014，33(9)：201-203.

[45] 刘辉，项昌乐，郑慕侨. 车辆动力传动系通用扭振模型的研究[J]. 中国机 械工程，2003，14(15)：349-354.

[46] 孙涛，沈允文，孙智民，等. 行星齿轮传动非线性动力学方程求解与动态特性分析[J]. 机械工程学报，2002，38(3)：11-15.

[47] 刘占胜，马英. 采煤机行走机构与刮板输送机销轨啮合配套研究[J]. 煤矿机械，2007，28(7)：30-32.

[48] 张靖，陈兵奎，康传章，等. 计及齿面摩擦的直齿轮动力学分析[J]. 振动与冲击，2012，31(21)：126-132.

[49] JENKINS L D, GARRISON K. Fishing gear substitution to reduce bycatch and habitat impacts: An example of social-ecological research to inform policy[J]. Marine policy, 2013, 38: 293-303.

[50] TSAI S J, HUANG G L, YE S Y. Gear meshing analysis of planetary gear sets with a floating Sun gear[J]. Mechanism and machine theory, 2015, 84: 145-163.

[51] POKORNY P, NÁHLÍK L, HUTA P. Comparison of different load spectra on residual fatigue lifetime of railway axle [J]. Procedia engineering, 2014, 74: 313-316.

[52] SONSINO C M. Fatigue testing under variable amplitude loading[J]. International journal of fatigue, 2007, 29(6): 1080-1089.

[53] PROZZI J A, HONG F. Optimum statistical characterization of axle load spectra based on load-associated pavement damage [J]. International journal of pavement engineering, 2007, 8(4): 323-330.

[54] BERETTA S, BRAGHIN F, BUCCA G, et al. Structural integrity analysis of a tram-way: Load spectra and material damage[J]. Wear, 2005, 258(7/8): 1255-1264.

[55] SINGH K L, VENKATASUBRAMANYAM D V. Techniques to generate and optimize the load spectra for an aircraft[J]. International journal of mechanics and materials in design, 2010, 6(1): 63-72.

[56] HEULER P, KLÄTSCHKE H. Generation and use of standardised load spectra and load-time histories[J]. International journal of fatigue, 2005, 27(8): 974-990.

[57] LIANG X H, ZUO M J, PANDEY M. Analytically evaluating the influence of crack on the mesh stiffness of a planetary gear set [J]. Mechanism and machine theory, 2014, 76: 20-38.

[58] MOHAMMED O D, RANTATALO M, AIDANPÄÄ J O. Improving mesh stiffness calculation of cracked gears for the purpose of vibration-based fault analysis[J]. Engineering failure analysis, 2013, 34: 235-251.

[59] YU H D, EBERHARD P, ZHAO Y, et al. Sharing behavior of load transmission on gear pair systems actuated by parallel arrangements of multiple pinions[J]. Mechanism and machine theory, 2013, 65: 58-70.

[60] PANDYA Y, PAREY A. Failure path based modified gear mesh stiffness for spur gear pair with tooth root crack[J]. Engineering failure analysis, 2013, 27: 286-296.